蝴蝶 增訂版
飼養與觀察

How to Take Care
of Butterflies

洪裕榮 著

晨星出版

推薦序

最嚴謹的蝴蝶飼養達人

國立自然科學博物館生物學組研究員　王秋美 博士

　　與洪裕榮先生相識是在 2010 年以前，偶爾我會看到採集捐給國立自然科學博物館的植物標本，覺得他採集的標本地點雖不特別，就是一般淺山郊區，但標本的種類卻頗有看頭，因此對他有些印象，後來又得知他醉心於植物和蝴蝶攝影，並出版了《蝴蝶家族》、《台灣蝴蝶食草植物全圖鑑》、《蝴蝶飼養與觀察》等書籍；心想這人是不是太有閒情逸致了。雖然有著世界攝影 10 傑第 3 及第 5 名之殊榮，但知道他不是本科系的，總覺得這樣的書中寫的資料確實嗎？

　　後來我們館裡要我承辦《就是這個味兒！蝴蝶食草及蜜源植物特展》，試想，蝴蝶的食草雖然常見，但要蒐集到多樣就不容易了，若是都要用購買的，鐵定所費不貲，後來得到洪裕榮先生的首肯，答應提供我食草及蝴蝶的幼蟲，我才敢辦這個展覽，在籌備期間，果然他大方提供各式各樣的食草，如「臺灣香檬、紅毛饅頭果」等多種植物，都是不易取得的植物。又隨時接受我有關蝴蝶與食草之間的問題詢問，並提供多幅美麗的照片供我們展出，為展覽增色不少，而所提供的蝴蝶幼蟲恰在記者會時羽化成蝶，也讓在場的記者及觀眾感受到自然生命的喜悅。

　　而透過他對我相關問題的解答，才了解到他確實有兩把刷子。他不僅僅拍攝蝴蝶、蝴蝶幼蟲與食草，對於各項特徵紀錄的鉅細靡遺，詳細的程度不下於在寫論文，甚至有過之而無不及，且能持之以恆，也因為他的認真求知，不恥下問，所以會發現「毛白前」這個以往一直被認為是鷗

蔓的植物，和新種植物「裕榮馬兜鈴」。而與他出野外時，見他對拍攝不僅用心嚴謹，還力求符合植物的生態環境，為了求真、求善、求美，他不惜花費長久的時間以拍到盡善盡美的畫面。

　　他也深知盡信書不如無書，因此一般書上所寫的蝴蝶食草，他總要親自觀察印證，也因此他住家附近種植著數百種各式各樣的寄主植物，以便餵食蝴蝶幼蟲，從而觀察各種蝴蝶幼蟲究竟會吃哪些植物。從他實際種植植物、飼養蝴蝶、觀察並記錄及拍攝的作品，不難看出他對植物與蝴蝶的熱情與執著，透過他專業的攝影美學藝術，可以滿足大家在視覺上的享受，並對蝴蝶與蝴蝶幼蟲生活行為、食草有更深刻的認識。

　　臺灣素有「蝴蝶王國」的美稱，雖然蝴蝶的數量已今非昔比，但只要認得蝴蝶食草，熟悉各種蝴蝶食草的花、果期，與蝴蝶的各種型態；還是能在野外觀察到翩翩飛舞的彩蝶，享受自然觀察的樂趣。本書透過圖文並茂的精彩內容，從認識蝴蝶一生的各種型態開始，繼而介紹牠們的天敵與防禦方式，再來傳授大家認識蝴蝶的食草，介紹蝴蝶飼養、注意事項及棲地營造實務要點，讓你輕鬆著手營造美麗的蝴蝶家園。

王秋美

自序

推廣蝴蝶保育，重現蝴蝶王國

臺灣地處氣候，包含熱帶、亞熱帶、溫帶、寒帶等不同型態的林相面貌。島嶼四面環海、山巒綿亙，氣候高溫多濕、雨量豐沛。島上的地形特殊與自然資源豐富，山谷坡陡、縱橫交錯，河川密布、水流湍急，世間萬物各安其處。在經過長時間的淬礪與大地的洗禮，得天獨厚擁有各種別具特色之森林景觀、氣候環境，造成多樣性的地景風光，因而孕育富饒多樣性物種，豐富的植被。在這婆娑之洋、綠意盎然之島，成為各種昆蟲的世外桃源，尤以蝴蝶最為人所愛戀。

「仁者樂山，智者樂水。」山的幽遠深邃，山的多情浪漫，讓人們流連忘返讚嘆不已，讓蝶兒迷戀於韻致風采的自然旖旎風光。春神喚醒點點綠芽，萬物伊始從沉睡中的隆冬甦醒；在春夏的裙襬搖曳生姿，點綴了生機勃勃的大自然。食客四處採擷花蜜，翩翩飛舞、輕靈曼妙，宛若跳躍的花朵，把美麗綻放在屬於自己的季節。我常拾起相機，信步在林間蜿蜒曲徑，尋覓蝶蹤……，捕捉妳美麗絢爛的丰采，探索鏡頭下的流光溢彩，千姿百態、爭妍斗艷的景象。

在臺灣，一年四季都可瞧見蝶蹤，只要懂得探索食草植物的花、果期，便可一親芳澤蝴蝶的生活史、悠遊享受林野風情。為了成功養起蝴蝶，便當起了蝶奴才；行腳臺灣各地，尋覓蝴蝶來飼養。食草不足時，在流金鑠石的艷陽下，在寒風凜冽的煙雨中，也要外出找尋幼蟲食草餵食。

在撰著的這段日子，與蝶執手長相守，一邊冥想，一邊拍照，一邊養育幼蟲並記錄，歲月流

蔓的植物,和新種植物「裕榮馬兜鈴」。而與他出野外時,見他對拍攝不僅用心嚴謹,還力求符合植物的生態環境,為了求真、求善、求美,他不惜花費長久的時間以拍到盡善盡美的畫面。

　　他也深知盡信書不如無書,因此一般書上所寫的蝴蝶食草,他總要親自觀察印證,也因此他住家附近種植著數百種各式各樣的寄主植物,以便餵食蝴蝶幼蟲,從而觀察各種蝴蝶幼蟲究竟會吃哪些植物。從他實際種植植物、飼養蝴蝶、觀察並記錄及拍攝的作品,不難看出他對植物與蝴蝶的熱情與執著,透過他專業的攝影美學藝術,可以滿足大家在視覺上的享受,並對蝴蝶與蝴蝶幼蟲生活行為、食草有更深刻的認識。

　　臺灣素有「蝴蝶王國」的美稱,雖然蝴蝶的數量已今非昔比,但只要認得蝴蝶食草,熟悉各種蝴蝶食草的花、果期,與蝴蝶的各種型態;還是能在野外觀察到翩翩飛舞的彩蝶,享受自然觀察的樂趣。本書透過圖文並茂的精彩內容,從認識蝴蝶一生的各種型態開始,繼而介紹牠們的天敵與防禦方式,再來傳授大家認識蝴蝶的食草,介紹蝴蝶飼養、注意事項及棲地營造實務要點,讓你輕鬆著手營造美麗的蝴蝶家園。

王秋美

自序

推廣蝴蝶保育，重現蝴蝶王國

　　臺灣地處氣候，包含熱帶、亞熱帶、溫帶、寒帶等不同型態的林相面貌。島嶼四面環海、山巒綿亙，氣候高溫多濕、雨量豐沛。島上的地形特殊與自然資源豐富，山谷坡陡、縱橫交錯，河川密布、水流湍急，世間萬物各安其處。在經過長時間的淬礪與大地的洗禮，得天獨厚擁有各種別具特色之森林景觀、氣候環境，造成多樣性的地景風光，因而孕育富饒多樣性物種，豐富的植被。在這婆娑之洋、綠意盎然之島，成為各種昆蟲的世外桃源，尤以蝴蝶最為人所愛戀。

　　「仁者樂山，智者樂水。」山的幽遠深邃，山的多情浪漫，讓人們流連忘返讚嘆不已，讓蝶兒迷戀於韻致風采的自然旖旎風光。春神喚醒點點綠芽，萬物伊始從沉睡中的隆冬甦醒；在春夏的裙襬搖曳生姿，點綴了生機勃勃的大自然。食客四處採擷花蜜，翩翩飛舞、輕靈曼妙，宛若跳躍的花朵，把美麗綻放在屬於自己的季節。我常拾起相機，信步在林間蜿蜒曲徑，尋覓蝶蹤……，捕捉妳美麗絢爛的丰采，探索鏡頭下的流光溢彩，千姿百態、爭妍鬥艷的景象。

　　在臺灣，一年四季都可瞧見蝶蹤，只要懂得探索食草植物的花、果期，便可一親芳澤蝴蝶的生活史、悠遊享受林野風情。為了成功養起蝴蝶，便當起了蝶奴才；行腳臺灣各地，尋覓蝴蝶來飼養。食草不足時，在流金鑠石的艷陽下，在寒風凜冽的煙雨中，也要外出找尋幼蟲食草餵食。

　　在撰著的這段日子，與蝶執手長相守，一邊冥想，一邊拍照，一邊養育幼蟲並記錄，歲月流

轉忙得不可開交。每逢空檔便馬上馳奔野地，在蓊蓊鬱鬱林中翻葉尋蟲；在暑氣薰蒸趴蝶捕捉姿影，看蝶兒親吻朵朵芳香；看螞蟻與幼蟲蜜蜜交易，尋找本書內容之題材。循著夢想的步履向前行，用謙卑的心向自然學習、探索、領悟。用心靈捕捉大自然多采多姿的美麗與奧秘，從中獲得生命的啟發。臨走時，我想帶一點綠意回家，無奈！帶不走綠意，只能期待下次再相逢。這種美，是攝影家抓不住的感覺⋯⋯。

知識是一切進步的泉源，大自然裡有許多值得珍視的東西，從芬芳沃土挺出的禾草，從岩縫垂懸的綠樹；有許多是蝴蝶幼蟲

賴以為生的食草和蜜源植物。抑或，天上飛的，地上爬的，哪怕是被視為糞土者，都有其存在的價值，被初級消費昆蟲所利用。心鎖在喧嘩城市的人，是永遠體會不到森林原始之美；唯有用樸實無華的心親近自然，才能開啟熱愛大自然生命的智慧。

　　本書承蒙陳銘民社長、徐惠雅主編的支持，開始多年的籌畫；撰述有關蝴蝶飼養及採集經驗，在此野人獻曝與大家分享心得。讓入門愛蝶雅士，迅速熟悉蝴蝶飼養方法和掌握養蝶訊息，讓臺灣蝴蝶資源人人都唾手可得，順遂推廣蝴蝶保育與復育的工作，讓福爾摩沙之美永續、蝴蝶王國再現。

　　本輯承蒙國立自然科學博物館生物學組：王秋美博士為本書撰寫推薦序。感謝農業部林業試驗所所長：曾彥學博士。國立臺灣師範大學生命科學系：徐堉峰博士。國立中興大學森林學系：曾喜育博士，趙建棣博士；農業部生物多樣性研究所植物組：許再文博士，張和明博士指導。更感謝國立自然科學博物館生物學組：楊宗愈博士、陳志雄博士。國立嘉義大學生物資源學系：呂長澤博士。國立中興大學昆蟲學系主任：葉文斌博士。王仁敏老師無私無我友情搜羅相關物種。黃慶賢老師、林信宗先生、張景皓先生、熙棟兄心繫吾食草，常餽贈食草供其研究觀察。明慧中醫診所院長及中醫專欄作家：溫嬪容醫師宅心仁厚的溫情襄助，著實銘感五內。在此謹致謝忱～。

最後～感謝帶領我進入攝影世界的啟蒙老師賴要三老師、陳清祥老師，南郭國小鄭培華老師，李慶堯博士，林武成先生，顏志豪先生，木生昆蟲館余利華館長、陳柏延先生伉儷、高雄地方法院洪能超法官。曾經協助過我的幕後功臣：康鼎隆先生、張聖賢先生、柯文鎮先生、柯文周先生、柯新章先生、洪敏皓先生、陳麗玲小姐、林楊綿女士、林素貞小姐、林素瓊小姐、林麗香小姐的鼓勵與襄助，使本書更臻完美極致。以及我親愛的家人淑月夫人，無怨無悔包容我、放任我在野地自由自在築夢。在此，致上十二萬分謝意，認識您們真好。

本書共收錄 1862 張專業圖片，從拍攝撰寫至付梓，雖然力求完美，但不免有疏漏謬誤之處，期盼各自然界、攝影界之先進賢達，不吝批評指正。書不盡言……要感謝的人眾多，今生幸甚與您們結緣，讓我的生命燃燒異彩、豐富人生。

～ 謝謝您們 ～

目次 Contents

【推薦序】 最嚴謹的蝴蝶飼養達人／王秋美博士　2

【自序】 推廣蝴蝶保育，重現蝴蝶王國／洪裕榮　4

第1章　認識蝴蝶　11

1-1 蝴蝶的分類地位　12

1-2 蝴蝶與蛾類的簡單區別　22

1-3 蝴蝶如何辨雌雄　40

1-4 蝴蝶的天敵　57

1-5 蝴蝶的防禦　76

第2章

蝴蝶生活史　101

2-1 卵　104

2-2 幼蟲　112

2-3 蛹　141

2-4 羽化　154

2-5 成蝶　164

第3章

蝴蝶與食物　185

3-1 幼蟲食草（寄主植物）　186

3-2 蜜源植物　196

3-3 有毒植物與蝴蝶幼蟲　205

3-4 有毒生物鹼植物與斑蝶　219

3-5 愛吃農作物的蝴蝶幼蟲　224

3-6 雜食性　240

第 4 章

飼養前準備　247

4-1 準備飼養工具　248

4-2 自行 DIY 飼養工具　250

4-3 蝴蝶生活史觀察與記錄　254

第 5 章

養蝴蝶，這樣就成功　263

5-1 近郊找蟲　264

5-2 野外採集　272

5-3 雌蝶採卵　280

5-4 幼蟲的飼養容器與方法　287

5-5 蝴蝶飼養訣竅　296

5-6 蝴蝶生態花園的營造　307

第6章

25 種蝴蝶飼養生活史 321

6-1 花鳳蝶（無尾鳳蝶） 322
6-2 玉帶鳳蝶 324
6-3 紅珠鳳蝶（紅紋鳳蝶） 326
6-4 長尾麝鳳蝶（臺灣麝香鳳蝶） 328
6-5 翠鳳蝶（烏鴉鳳蝶） 330
6-6 大白紋鳳蝶（臺灣白紋鳳蝶） 332
6-7 黑鳳蝶 334
6-8 淡紋青斑蝶 336
6-9 小紫斑蝶 338
6-10 網絲蛺蝶（石牆蝶） 340
6-11 殘眉線蛺蝶（臺灣星三線蝶） 342
6-12 琉璃蛺蝶 344
6-13 眼蛺蝶（孔雀蛺蝶） 346
6-14 豆環蛺蝶（琉球三線蝶） 348
6-15 亮色黃蝶（臺灣黃蝶） 350
6-16 橙端粉蝶（端紅蝶） 352
6-17 細波遷粉蝶（水青粉蝶） 354
6-18 豔粉蝶（紅肩粉蝶） 356
6-19 玳灰蝶（龍眼灰蝶） 358
6-20 靛色琉灰蝶（臺灣琉璃小灰蝶） 360
6-21 紫日灰蝶（紅邊黃小灰蝶） 362
6-22 鑽灰蝶（三尾小灰蝶） 364
6-23 黑星弄蝶 366
6-24 寬邊橙斑弄蝶（竹紅弄蝶） 368
6-25 袖弄蝶（黑弄蝶） 370

【附錄一】蝴蝶食草 70 種 372

【附錄二】蝴蝶蜜源植物 70 種 385

第 1 章

認識蝴蝶

1-1
蝴蝶的分類地位

　　蕞爾臺灣這個島嶼，為歐亞大陸板塊與菲律賓板塊的擠壓作用所形成的島嶼，面積約有 36,000 平方公里，南北長約 390 公里，東西寬約 144 公里，地理位置屬於熱帶與亞熱帶。北迴歸線橫越中、南部，在氣候型態北部為副熱帶季風氣候，南部為熱帶季風氣候；氣候高溫多濕、雨量豐沛，年降雨量平均約為 2515 毫米。在這彈丸之地，島嶼四面環海、山巒綿亙，總海岸線長約 1,560 多公里；海拔超過 3,000 公尺的山峰就有 258 座，以最高山「玉山」標高 3,952 公尺，為臺灣第一高峰。

　　島上的地形特殊與自然資源豐沛，山谷坡陡、縱橫交錯，河川密布、水流湍急。在經過長時間的自然淬礪與大地洗禮，造就多樣性的地景風光與豐富的物種；例如，海岸濕地、泥火山地質、溪谷景觀、珊瑚礁海岸等特殊地形。而自然環境和氣候型態卻擁有熱帶林相、溫帶林相、高山寒原、高山針葉林等不同型態的林相面貌。海岸生態系、濕地生態系、河川生態系、森林生態系等豐富的植被，孕育了 5,000 多種維管束植物及冰河時期孑遺的物種；成為各種動物、昆蟲、鳥類的樂園，也是許多候鳥遷徙或越冬的休憩地；所到之處無不處處令人驚奇讚譽。在這些植物當中，有些植物便是成就了「蝴蝶王國」的美譽根基；沒有這些孕育成繽紛彩蝶的幼蟲食草，也就沒有翩翩飛舞的蝴蝶，把臺灣的山林點綴得多彩多姿、五彩繽紛，令人讚嘆不絕。

　　在世界上有記錄的昆蟲種類約有 100 萬種，蝴蝶有記錄的種類約有 18,500 多種。而在臺灣有記錄的昆蟲種類約有 24,000 多種，鞘翅目（甲蟲）類昆蟲約近 10,000 種，鱗翅目昆蟲約有 5,000 多種；其中蝴蝶類區分為 6 科 380 多種（例：澳洲約 435 多種，日本約 240 多種，中國約 2100 多種；香港約 260 多種），在這 380 多種蝴蝶中，臺灣特有種約有 50 多種。如此蝶種分布密度、特有種比

臺灣深山鍬形蟲——雄蟲，體長約 7 公分。（上圖）

白痣珈蟌雄蟲。

臺灣大蝗頭部特寫。　　　　　　　琉球三角蟹蛛。

例和生態資源，聞名遐邇讓外國人士所稱羨，早年便有「蝴蝶王國」的美譽。

　　而今，自然環境在人為的過度開發、空污和農藥、除草劑等過度的使用與工業化學藥劑的污染，導致蝴蝶幼蟲賴以為生的食草驟減；蝶況已今非昔比，值得國人省思。蝴蝶是大自然重要的天然資產，牠的美像似會飛的花朵，看牠在天空中悠閒自在的飛舞，總是令人心曠神怡、十分愜意。此外，在自然科學、人文教育、生態保育、遺傳基因、演化學、環境監測、觀光休閒等等，也有許多研究價值與開發潛力。所以，應珍視牠們的存在價值，並積極復育、營造給予合適的生存空間，人類不應該強取掠奪屬於牠們的生存空間「森林」；與大自然和平相處共生共榮，共創美好的綠生活。

臺灣一年四季都可瞧見蝴蝶的倩影或越冬的卵、蟲、蛹。尤其是在夏、秋之際，更是處處可見蝴蝶在花叢間飛舞、追逐！甚至每年都會吸引不少國外愛蝶雅士心往神馳，不遠千里而來臺灣研究蝴蝶、賞蝶、拍蝶。

　　蝴蝶的壽命，因蝶種與環境氣候而長短不一，有的可生存7~11個月，有的只有短短3~4週的生命時期；生命雖短暫如白駒過隙，繁華的一生卻為大自然鞠躬盡瘁。蝴蝶的一生完整的生活史，從「卵→幼蟲→蛹→成蟲」，具有4個明顯不同的階段歷程，稱為「一世代」。有的蝶種一年一世代，例如：臺灣橙翠灰蝶（寬邊綠小灰蝶）、夸父璀灰蝶（夸父綠小灰蝶）、流星絹粉蝶（高山粉蝶）等等蝶類。而一年當中，周而復始循環的繁殖，則稱為「多世代」。大多數的蝶類為多世代種類，例如：紅珠鳳蝶、黑鳳蝶、紫日灰蝶等等蝶類。牠們奇妙的生活過程和方式，值得人類從中領悟到自然生命的真諦與奧秘。

　　蝴蝶在學術上，生物的位階屬於：動物界→節肢動物門→昆蟲綱→鱗翅目的蝶亞目（錘角亞目），蝶亞目以下再分科屬種。

臺灣綠貓蛛護子——蜘蛛綱是節肢動物下的一個綱，有8隻腳，常被大家誤解為有6隻腳的昆蟲類。

簡言之，人類將動、植物的分類方式為「界、門、綱、目、科、屬、種」7個階層。「種」在生物學分類上，位階屬於最小之單位。世界上體型最大的蝴蝶：亞歷珊卓皇后鳥翼蝶（*Ornithoptera alexandrae*，別名亞歷山大鳥翼蝶或亞歷山大鳳蝶），雌蝶展翅寬28~31公分。體型最小的蝴蝶：迷你藍灰蝶（*Zizula hylax*）、東方晶灰蝶（*Freyeria putli formosanus*）或褐小灰蝶（*Brephidium exilis*）等類群個體，雄蝶展翅寬1.1~1.5公分。

近些年，自然科學的日日精進，支序系統學（cladistics）所產生的蝴蝶分類方式革新與演進；讓傳統的分類方式結合最新科技，以獲得更精確的新研究。1992年，在英人史克博Scoble其著作「鱗翅目——形式，功能與多樣性」內文論述，將世界各地的蝴蝶，依「親緣關係」和「單系性」區分為：弄蝶總科、喜蝶總科、真蝶總科，三個總科。而真蝶總科再區分為：鳳蝶科、粉蝶科、蛺蝶科、灰蝶科，4個科。弄蝶總科內只有弄蝶科；臺灣無產喜蝶總科。然則，2012年真蝶、弄蝶、喜蝶3總科又合併為鳳蝶總科。目前臺灣產蝴蝶分類方式有5或6科，分別是：鳳蝶科，粉蝶科，蛺蝶科，灰蝶科，弄蝶科，蜆蝶科。

植物的分類地位		昆蟲的分類地位
（Plantae）植物界 ←	界（**Kingdom**）	→ 動物界（Animalia）
（Magnoliophyta）木蘭植物門 ←	門（**Phylum**）	→ 節肢動物門（Arthropoda）
（Magnoliopsida）木蘭綱 ←	綱（**Class**）	→ 昆蟲綱（Insecta）
（Gentianales）龍膽目 ←	目（**Order**）	→ 鱗翅目（Lepidoptera）
（Asclepiadaceae）蘿藦科 ←	科（**Family**）	→ 鳳蝶科（Papilionidae）
（*Vincetoxicum*）催吐白前屬 ←	屬（**Genus**）	→ 鳳蝶屬（*Papilio*）
（*sui*）蘇氏鷗蔓 ←	種（**Species**）	→ 臺灣鳳蝶（*thaiwanus*）

動植物的名字由來──學名

　　地球上的物種，種類繁多而龐雜，在各地區對於同一種動植物的名字稱呼也未必相同；以臺灣的黃裳鳳蝶（*Troides aeacus kaguya* Nakahara & Esaki，1930，特有亞種）為例，文獻有記錄的名稱就有「金裳鳳蝶、金鳳蝶、黃裙鳳蝶、金翼鳳蝶、黃下鳳蝶、下黃鳳蝶、黃下翅鳳蝶、恆春鳳蝶」等 8 個別名，很難記住，可見名字的單純化是多麼重要。再者，中文名僅適用於看得懂中文的地區使用；對其他國家或外籍人士，將難以做溝通或學術交流。因此，有了國際通用的「學名」，各種動植物等物種就能在世界各地進行相互研究交流。所以，分類學家為了使動植物名稱有統一性和系統性，便依據動植物的各種外觀形態、習性與親緣關係等相近的特徵，給予分門別類，制定了有階層的、有系統的「界、門、綱、目、科、屬、種」此分類系統，使人類對於物種的認識能夠一目瞭然。因此，一個「學名」的產生，是要依據動物或植物「國際命名法規」上的條文來命名，而產生合法的學名，該「學名」才具有法源依據，才能給予學術界認可，臺灣的蝴蝶中文名稱與學名，長期以來就有許多同物異名困擾著蝴蝶、食草植物愛好者；不同學者、專家因喜好不同，選擇不同的分類方式、版本在坊間流通，以致名稱未有系統性的整合。幸運的是，在蝴蝶分類專家：徐堉峰博士，近些年勞心勞力，將臺灣蝴蝶名稱重新考證彙整，讓使用者更加便捷、正確和國際接軌。

　　現今，我們所使用的學名採用「二名法」，是由瑞典植物學家：林奈（Carolus Linnaeus，1707~1778），於西元 1753 年所提倡，學名以國際通用拉丁文來表示。須有「屬名」、「種小名」、「命名者」3 個部分。學名第 1 個斜體字為屬名，抬頭須用大寫表示。第 2 個斜體字為種小名，須用小寫表示。最後為命名者，本物種命名者之標準縮寫。再者，命名者依據該學名，指定這份發

表的物種為證據標本，即所謂的「模式標本」。此模式標本可提供後人鑑定、比對該物種的憑證。自此地球上各種動植物的名字，就有統一性規範，不再產生紛擾。

學名範例

學名 = 屬名 + 種小名 + 命名者與命名年代

範例1. 蝴蝶學名、中文名稱

Papilio thaiwanus Rothschild,1898　臺灣鳳蝶　《註：臺灣特有種》

屬名　　種小名　　命名者 與 命名年代　　中文名

範例2. 幼蟲食草學名、中文名稱

Vincetoxicum sui Y. H. Tseng & C. T. Chao　蘇氏鷗蔓《註：臺灣特有種》

屬名　　種小名　　命名者（曾彥學＆趙建棣）　　中文名

臺灣特有種蘇氏鷗蔓生態照。

臺灣特有種

特有種是指某一物種在特定的地區內，經時間、生態環境適應等因素，長期演化出該地區特有的物種，此物種在別處是不分布的。簡言之，在世界各地的物種，僅出現在臺灣才有的物種，稱為「臺灣特有種」。例如：「蘇氏鷗蔓」只生長在臺灣南部屏東縣恆春至旭海一帶，濱海或礁岩上的臺灣特有種植物。

標本採集與收藏

　　大自然裡之植物或昆蟲的壽命有生命週期；有的長、有的短，抑或一年當中，僅出現在世界上幾日、幾周或幾個月的繁殖期，就消聲匿跡了。生物在不同的地區和環境、時間，為了生存都會自然的進行演化，來適應環境與氣候，演化就好像是它的自然史。因此，將各地生活年代與生命週期不同的生物製作成標本，以便日後在不同時間、環境或提供給後人做研究比較，來深入瞭解它們的生態學、分類學、自然史。所以，採集是研究生物的開始，亦是一門重要學問。而將採到植物，具有根、莖、葉、花、果實的植株或昆蟲，來細部觀察與記錄和製作成標本，是研究的重要工作。想要瞭解浩瀚的自然植物和昆蟲，不採集下來做細部觀察與研究，就很難瞭解它們的奧秘。

　　採集會不會破壞生態？通常研究人員採集時，數量是很少的，並不會直接影響到生態環境。而從採集記錄中，還可以讓您感受、見證到臺灣山林的變化。

　　常常聽到演講老師或愛好大自然的人講到模式標本（Types）。什麼是模式標本呢？當您在野外採集到一隻蝴蝶或是一株植物時，在臺灣現有的文獻資料中找不到名稱，懷疑它可能是新物種，就要深入詳查各地的文獻資料，和檢視核對世界各地相似的模式標本，來確認是否為新物種。如果確認是新物種，便要製作一至數份標本，其中一份標本，由命名者指定並命名，即所謂的「模式標本」。並依據動物或植物「國際命名法規」上的條文來命名一「學名」與附上該物種標本之各細部繪圖及形態特徵的文字描述或染色體等資料，公開發表於學術界認可之刊物上。模式標本上也會記錄該物種的「學名、中文名、採集編號、採集者、採集日期、採集地點、採集海拔、定位點、採集環境、標本收藏處」等完整植物記錄，才能被學術界所承認。所以，模式標本是動、

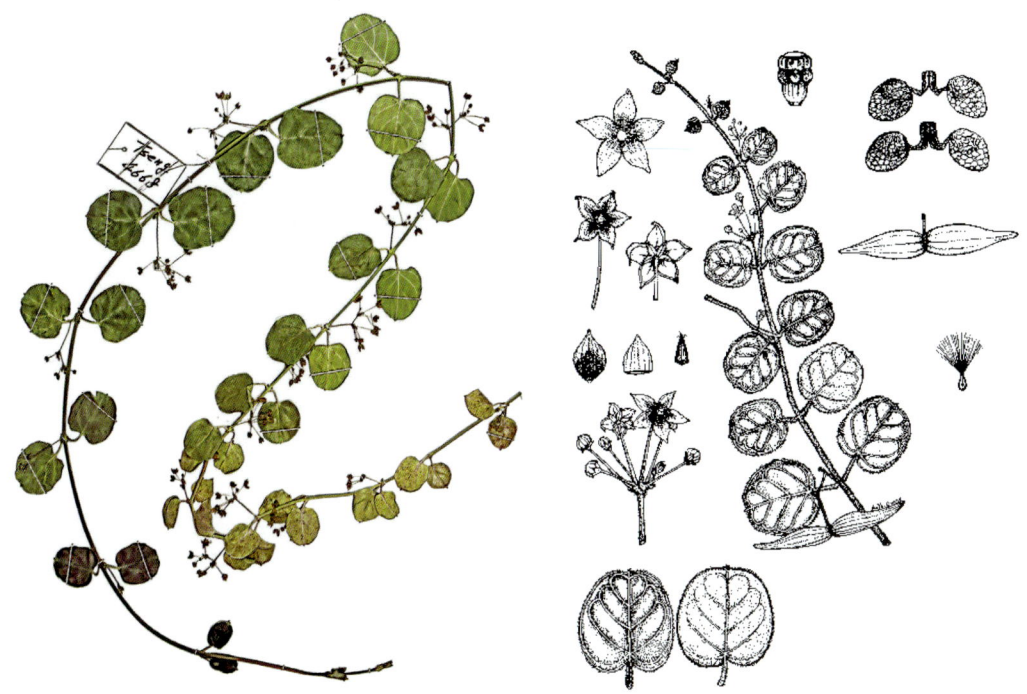

蘇氏鷗蔓的模式標本,模式標本典藏在國立中興大學森林學系植物標本館(TCF)(趙建棣提供)。

蘇氏鷗蔓發表時的手繪圖(曾彥學博士提供)。

植物在分類上重要的證據憑證,就好像人類的個人資料,是相當重要的。而模式標本的保存意義,便在於日後當有研究人員對於某一個物種或新記錄種、新種、歸化種有困惑和疑難時,便可檢視模式標本來比對,確認該物種的真實身份。從照片做鑑定,會有顏色、像差與大小比例,或拍攝角度、人為變造等的問題,細節也不容易看出來;尤其是在相似種的認定,照片無法完全真實的呈現在眼前,藉由模式標本和原始發表文獻來檢視核對,就可明瞭得到答案了。

　　模式標本是標本館裡面相當珍貴的典藏,不僅可供後人檢視核對物種,還具有永久保存與參考價值。拜電腦數位科技的進步,現在很多標本館都已把動、植物標本數位化,在相關的網站內點選,便可一睹到「模式標本」的影像丰采與原始發表文獻。

①_ 國立自然科學博物館植物標本館採集記錄本。
②_ 志工阿姨正小心翼翼的用針線將植物標本固定。
③_ 蝴蝶的生命週期通常不長久,藉由製作標本來典藏,可瞭解許多自然科學、演化的問題,來增進人類的福祉。

收藏生物寶藏的標本館

標本館是收藏標本的地方，裡面分門別類收藏著國內外眾多研究人員所收集的標本，以供後學研究；每一份標本，都是採集者的心肝寶貝。標本存放在有恆濕控制的環境，並有專門的管理人員細心維護，為世世代代做傳承。以植物為例，臺灣典藏植物標本的地方有：中央研究院多樣性研究中心植物標本館（HAST）、行政院農業部林業試驗所植物標本館（TAIF）、行政院農業部生物多樣性研究所植物標本館（TESRI）、國立臺灣大學植物學系植物標本館（TAI）、國立臺灣大學森林學系植物標本館（NTUF）、國立臺灣師範大學生命科學系植物標本館（NTNU）、國立自然科學博物館植物標本館（TNM）、國立中興大學森林學系植物標本館（TCF）、國立嘉義大學森林學系植物標本館（CHIA）、國立屏東科技大學森林資源學系植物標本館（PPI）等學術機構。

標本館裡面典藏著臺灣數以萬計的標本，以供後人研究、比對確認，抑或和世界各地想要瞭解臺灣植物的國家與機構做交換、研究交流；可謂臺灣植物的歷史和故事都典藏在這裡……。

① 國立自然科學博物館植物標本館，館內標本分門別類在恆濕控制的環境中典藏。
② 南投埔里「木生昆蟲館」是臺灣聲名遠播百年老字號的私人昆蟲館，館內典藏著國內、外許多珍貴蝴蝶標本。

1-2
蝴蝶與蛾類的簡單區分

蝴蝶與蛾類為近親,在分類上同屬於鱗翅目,牠們在野地裡處處可見其蹤跡。然而,是蝶?還是蛾?常困惑著許多剛入門的賞蝶者,因為飼養蝴蝶的關鍵為野外採集蝶卵或幼蟲,所以,如何區分蝴蝶與蛾相當重要。以下就蝴蝶與蛾的生活形態和習性,簡略區別分述如下。

具特色的天蛾科蛾類

大頭照

① 鬼臉天蛾:幼蟲體長約 66mm(綠色型)。
② 鬼臉天蛾:終齡幼蟲體長 90mm,以大青為食,在尾端長有一根像天線的長肉突。
③ 鬼臉天蛾:成蟲,體長約 63mm。成蟲的背面有似鬼臉之圖騰因而得名。
④ 透翅天蛾:終齡幼蟲的尾突長約 8mm,在外面如瞧見大又肥有天線般尾巴的蟲,大略可推斷是天蛾科幼蟲。
⑤ 透翅天蛾:終齡幼蟲,胸足紅色,頭寬 5.5mm,體長 60mm,寬 9mm。幼蟲常見以大花梔子、山黃梔的葉片為食。

生活形態之區別

　　蝴蝶的生活形態，主要多見活動於白天（日行性），少數蝶種在夜間具有趨光性，例如：暮眼蝶。而蛾類的生活形態有別於蝴蝶的白晝生活形態，大多數主要多見活動於夜間（夜行性），且多數明顯具有趨光性；而有些蛾種也會活動於白天，例如：透翅天蛾等天蛾類。

①＿透翅天蛾在飛行時覓食，常被誤認為是蜂鳥。
②＿星點多斜紋天蛾（直翅斜紋天蛾）：5齡幼蟲，體長約 57mm，以毛山葡萄葉片為食。
③＿星點多斜紋天蛾（直翅斜紋天蛾）：5齡幼蟲頭胸部特寫，像似戴一副墨鏡超可愛的蟲蟲。
④＿雙斜紋天蛾：成蟲停棲時外觀像是一架飛機。
⑤＿雙斜紋天蛾：蛹褐色，體長 45mm，寬 11mm。天蛾科的蛹大多化蛹在地面落葉堆、土縫等隱密處，與蝶類的帶蛹或垂蛹有別。

外觀之區別

　　蝴蝶與蛾類在複眼中間上面，皆具有一對「觸角 Antennae」，藉由觸角的外觀不同，便可迅速的區別出牠們的身份。蝴蝶的觸角種類較少，多見為棍棒狀或先端為鉤狀之觸角。而蛾類之觸角種類較多樣性，其構造多見為絲狀、櫛齒狀、羽狀、鋸齒狀等多種形態，但較少為棍棒狀之觸角。

　　蝴蝶在休息時，大多雙翅常閉合；而蛾類在休息時，雙翅常展開。蝴蝶幼蟲的體毛通常不具有毒素，在抓取或觸碰時較不會讓皮膚產生過敏反應；而有些蛾類的幼蟲具有腺體分泌物、毒素，體毛會讓皮膚產生過敏反應，俗稱為「毛毛蟲」。再者，蝴蝶的幼蟲僅會吐絲製作穩固的絲座來準備化蛹，並不吐絲結繭，而是以「帶蛹」、「垂蛹」和「僅以特化的垂懸器固定於枝條上化蛹」3 種類型化蛹。而多數的蛾類幼蟲會吐絲，將蛹體包裹起來成「結繭」給予保護。

① _ 鑲豔葉裳蛾（鑲落葉夜蛾）：終齡幼蟲，食草細圓藤（蓬萊藤）。
② _ 藍條裳蛾：幼蟲食草老荊藤。
③ _ 藍條裳蛾。

產卵數量之區別

蝶類的雌性產卵大多 200~400 粒，少數種類可產超過 500 粒者，然而蛾類卻可產 300~1000 粒之多。

① 大避債蛾之蟲巢，長約 37mm，寬約 20mm。
② 鈴斑翅裳蛾：幼蟲食樟葉槭，終齡體長約 57mm。
③ 雄黃長尾水青蛾的外觀酷似一架風箏。
④ 伊貝鹿蛾：交配（上♀下♂），燈蛾科，展翅寬 35-40mm。
⑤ 伊貝鹿蛾：雌蝶♀正在產卵，卵白色，聚產，半圓形，徑約 0.7mm。分 3 次產卵，竟共產 800 多粒卵，可見蛾類的繁殖力超強。

①_ 長尾水青蛾：幼蟲體長約 60mm。
②_ 粉紋夜蛾（擬尺蠖）幼蟲食芥藍菜，體長約 25mm。
③_ 眉紋天蠶蛾：終齡幼蟲，體長約 55mm，寬約 15mm。
④_ 隱錨紋蛾：外觀似小灰蝶，牠是長得像蝴蝶的蛾。

1

2

3

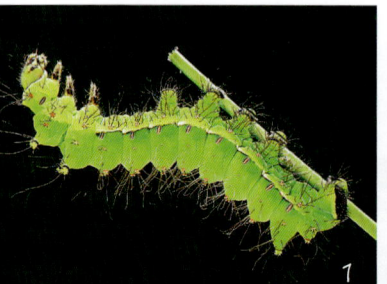

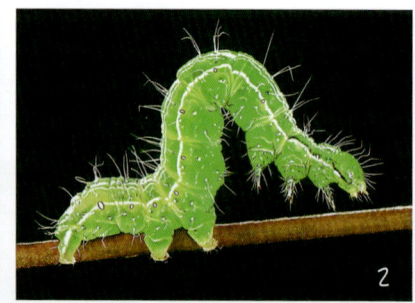

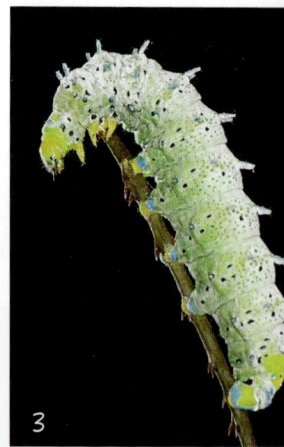

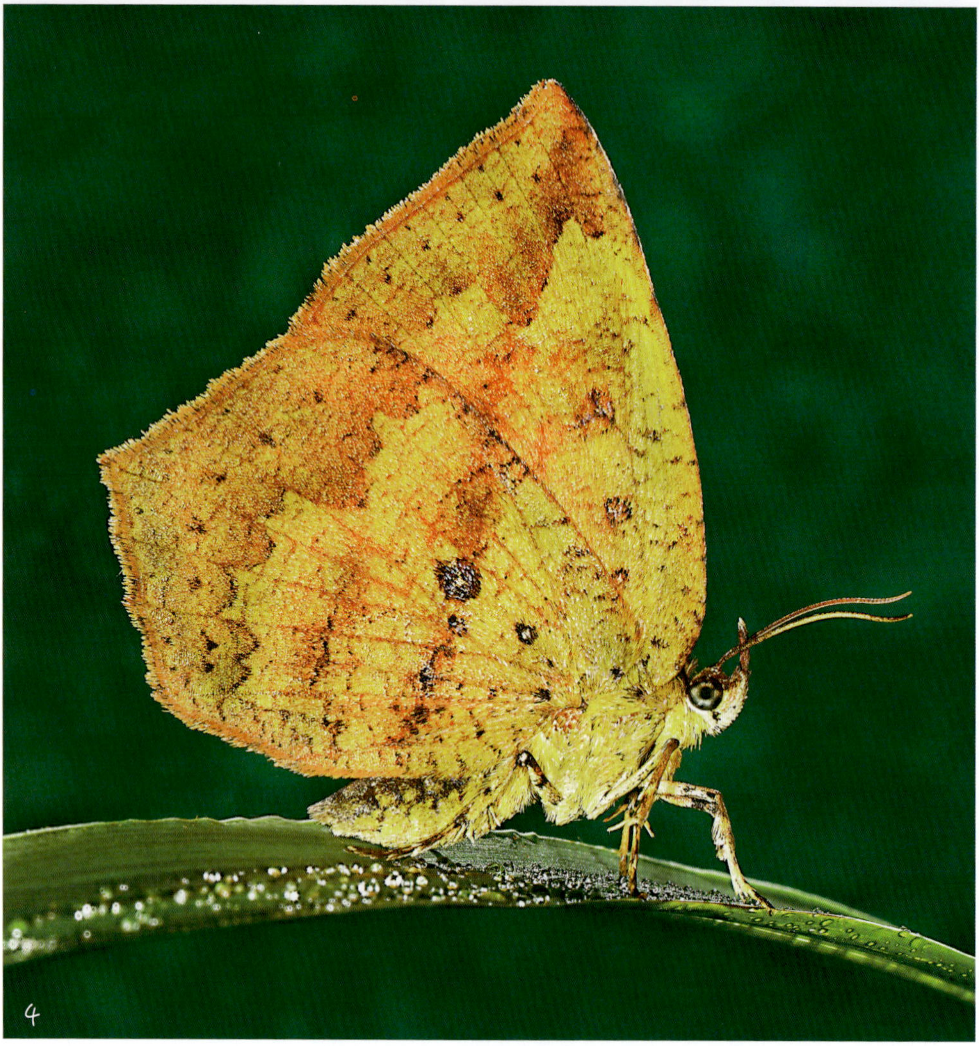
4

癢過就此生不忘的刺毛蟲

刺蛾科和毒蛾科大部分種類的幼蟲,外觀大多具有鮮明奪目的警戒色,體表密生有毒腺細刺和刺毛,不慎碰觸後會引起灼熱刺痛、搔癢、紅腫等過敏反應,特殊體質者甚至會威脅生命安全。故刺蛾科和毒蛾科、枯葉蛾科幼蟲被稱為「刺毛蟲、毒毛蟲」。臺灣野地所見蛾類約遠比蝶類多出十倍,因此,在野地對於不熟悉的毛毛蟲,只遠觀不可褻玩焉。

① 基斑毒蛾:繭橢圓形,白色,長約 28mm,寬 15mm。
② 基斑毒蛾:幼蟲的體毛會使人皮膚產生過敏反應。
③ 素刺蛾:終齡幼蟲,體長約 28mm,密生毒刺毛。
④ 三色刺蛾:終齡幼蟲,體長 32mm 食三奈葉片,蟲體具毒刺毛。
⑤ 三角斑刺蛾(棗奕刺蛾):幼蟲背面,體長約 20mm,棲息於紅篦麻葉背。

① _ 臺灣黃毒蛾：終齡幼蟲，體長 28mm，食相思樹。常見種，幼蟲和繭之毛碰觸時，皆會使皮膚產生過敏紅腫發癢反應。

② _ 青黃枯葉蛾：終齡幼蟲，體長約 60mm，密生細長毒刺毛。

③ _ 青黃枯葉蛾：蛾繭長約 45mm，寬約 20mm。（幼蟲與蛾繭上之毛，不慎觸摸，皆會使人皮膚產生過敏反應。）

④ _ 線茸毒蛾：終齡幼蟲，體長約 33mm，蟲體密生細長毒刺毛。（食草：月桃、桂花等。）

⑤ _ 小白紋毒蛾：終齡幼蟲，體長 35mm，食紅蓖麻，蟲體密生細長毒刺毛，其繭和體毛皆有毒性，當觸碰到皮膚會產生紅癢過敏反應。

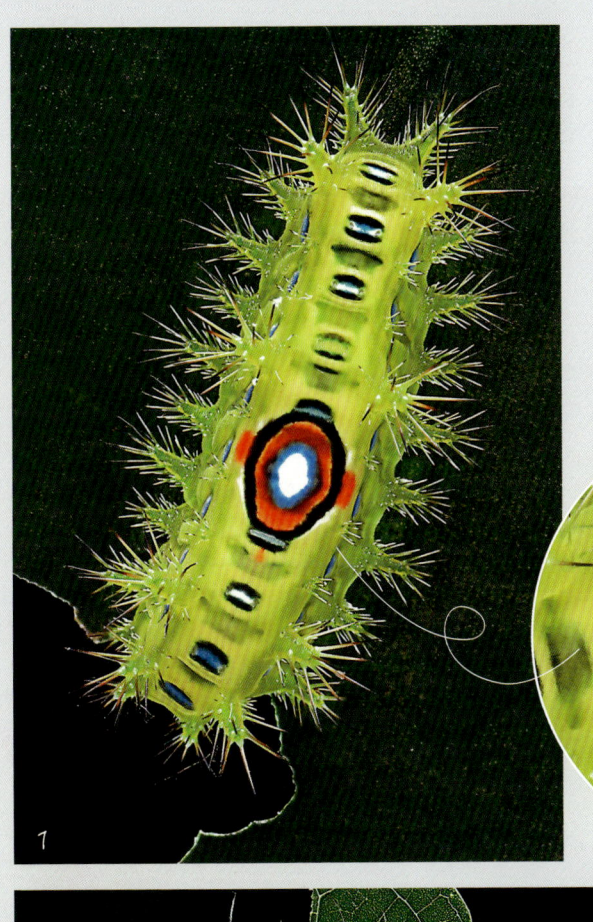

①_ 迷刺蛾終齡幼蟲，體長26mm，寬13mm。
②_ 迷刺蛾的腹背第3、4節具有長約5mm的眼紋斑，食草為樹杞。
③_ 褐斑毒蛾的終齡幼蟲，體長約55mm，食臺灣朴樹。

1節
2節
3節
4節

別怕，只是嚇嚇天敵的蝴蝶幼蟲

① _ 雙色帶蛺蝶：5 齡幼蟲後期，體長約 38mm，體表密布棘刺似毒刺蛾。
② _ 方環蝶：3 齡蛻皮成 4 齡幼蟲時體長 32mm，外觀長得很像毒蛾類毛毛蟲。
③ _ 豔粉蝶：3 齡幼蟲集體進食，體長約 11mm，外觀長似毒蛾類毛毛蟲，藉以躲避天敵捕食。

也有美得很夢幻的蛾

蝶與蛾類的卵和幼蟲在生態系中，皆伴演著初級消費者，數量與種類雖眾多，但所產的卵和幼蟲或蛹有一半以上皆是在食物鏈圈中被捕食的對象，是平衡生態系重要的角色。有人說：「蝴蝶是白晝的舞姬，蛾是黑夜的妖姬。」不難理解人們對「蛾」的醜態形象根深蒂固。蝴蝶是美麗的化身，但其實也有非常漂亮的蛾類，在此拋磚引玉介紹，希望扭轉大眾的誤解。

橙帶藍尺蛾

原生種。尺蛾科，晝行性，雌雄外觀近似。幼蟲蟲體黑色，具白色格子狀斑紋，體側有橙黃色的縱斑。主要食草羅漢松或竹柏，偶見大發生之生態現象。成蟲展翅寬 55~60mm，翅膀具藍黑色金屬閃爍光澤，前、後翅具有鮮明的弧形橙色環帶，藍與橙構成強烈耀眼的對比色，其外觀似蝶因而常被誤視為蝴蝶，是與蝶爭艷的美蛾。

① 彰化永靖鄉的羅漢松族群，被數以千隻的幼蟲食至只剩枝條的農園。
② 艷陽天時，群聚躲在大水桶陰涼處。
③ 橙帶藍尺蛾交配（左♀右♂）。

31

蛾類之王者——皇蛾

皇蛾生活史

皇蛾屬於完全變態的昆蟲，一生完整的生活史，需經過「卵→幼蟲→蛹→成蟲」四個外觀明顯不同的階段歷程。科學分類為鱗翅目／天蠶蛾科／蛇頭蛾屬「皇蛾 *Attacus atlas atlas*（Linnaeus, 1758）」，前翅翅端向外突的圖騰似蛇頭，其上緣有一枚黑色斑紋又似蛇眼，故別稱蛇頭蛾。本種是全球翅面積最大的蛾類，臺灣廣泛分布在海拔 0~1600 公尺的闊葉林環境內。原生種，夜行性，具趨光性，雌雄型態相仿。雌蛾體型大，翅面紅褐色，展翅 25~30 公分，前後翅近中央處，各具有一枚近三角狀的透明膜質大斑紋。翅膀形狀較為寬圓，腹部較肥胖。觸角羽狀，雌蛾長約 14mm，寬約 3mm；雄蛾長約 20mm，寬約 4.5mm。亦分布在東南亞、印尼、馬來群島、泰國與中國南部、印度等地區。

卵與幼蟲

皇蛾的卵期 7~9 日，幼蟲期 40~45 日，繭蛹期 25~70 日不等，成蛾壽命 6~14 日。1 齡幼蟲階段 5~7 天，2 齡幼蟲階段 6~7 天，3 齡幼蟲階段 6~7 天，4 齡幼蟲階段 6~8 天，5 齡幼蟲階段 7~9 天，6 齡幼蟲（終齡）階段 9~11 天，幼蟲體表各節密生白色粉狀蠟質與肉棘。整個生活史 60~70 多天不等，視溫濕度與環境因子不同而異。1 年有 2~3 世代，主要出現在 4~10 月或暖冬加 1 世代，為臺灣最大型的天蠶蛾。

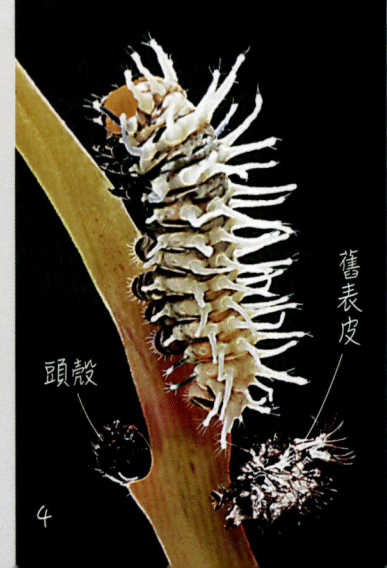

① 卵淺紅褐色，橢圓形，長約 2.8mm，寬約 2.5mm。
② 1 齡幼蟲背面，淺米黃色，體長約 8mm。
③ 1 齡幼蟲側面，淺米黃色，體長約 8mm。
④ 1 齡幼蟲蛻皮成 2 齡時體長約 9mm。

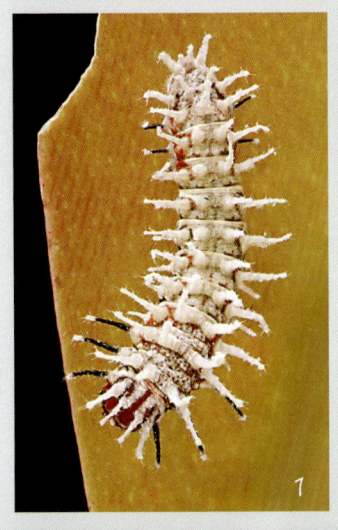

①_ 2齡幼蟲背面，近白色，體長約 14mm。
②_ 2齡幼蟲側面，近白色，體長約 13mm。
③_ 2齡幼蟲蛻皮成 3齡時體長約 14mm，食春不老。
④_ 3齡幼蟲背面，體長約 22mm。
⑤_ 3齡幼蟲側面，體長 22mm。末節腹足開始有橙紅色環狀斑紋呈現。
⑥_ 3眠幼蟲蠕動中即將蛻皮。
⑦_ 3齡幼蟲蛻皮成 4齡時體長約 21mm。
⑧_ 4齡幼蟲背面，頭部淺綠白色，體長約 35mm。

第 1 章 認識蝴蝶 | 33

① _ 4齡幼蟲側面,頭部淺綠白色,體長約35mm。
② _ 4眠幼蟲背面,體長約32mm。
③ _ 4齡幼蟲蛻皮成5齡時體長約32mm。
④ _ 5齡幼蟲後期背面,體長65mm,體寬14mm,頭寬約5.6mm。
⑤ _ 5齡幼蟲後期側面,體長65mm,體寬14mm,頭寬約5.6mm。

大頭照

大頭照背面

大頭照

頭部與胸足特寫

① _ 5齡幼蟲蛻皮成6齡（終齡）時體長55mm，舊頭殼寬約5mm。
② _ 6齡幼蟲（終齡背面），體長70mm時期。
③ _ 6齡幼蟲（終齡側面），體長75mm時期。
④ _ 6齡幼蟲正在迴轉，體長70mm時期，頭部淺綠色，寬約6.5mm。

第 1 章 認識蝴蝶 | 35

蛹

皇蛾的蛹繭葉包狀，長約 7.8 公分，寬約 3 公分，繭質地密而堅實，絲初為白色，次日漸轉為淺褐色。繭的結構由數層絲線密織而成，具有防水、隱蔽、護蛹、避天敵等功能。結繭時會利用食草的葉片為媒介織成葉包狀的繭。終齡吐絲結繭時間 30~36 小時，前蛹期 3~4 天，在繭內蛻皮化蛹。繭蛹期經 30~70 天不等羽化，低溫期以蛹越冬，翌年 4~5 月可羽化。

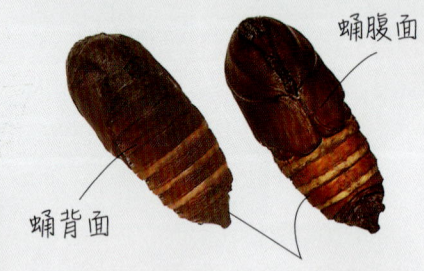

褐色，體長 41mm，寬 16mm。

① 剛結繭時繭為白色。
② 繭次日由白漸轉為褐色，長 78mm，寬 30mm。
③ 前蛹時體長縮至 44mm（剖面圖）。
④ 剛蛻皮成蛹不久時底色淺綠色，體長 42mm，寬 16mm。
⑤ 剛蛻皮成蛹不久時的蛹腹面與舊表皮。
⑥ 剛羽化休息中的雌蛾♀（側面）。

成蟲

大頭照

前翅翅端向外突的圖騰似蛇頭，有恫嚇天敵的作用。

雌蛾♀，展翅寬約 28 公分。

① _ 雌蛾♀，羽狀觸角短小，長約 14mm，寬約 3mm。
② _ 雄蛾♂羽狀觸角寬大，長約 20mm，寬約 4.5mm。
③ _ 雌蛾♀外生殖器與腹部特寫。

第 1 章 認識蝴蝶 | 37

皇蛾的求偶、交配

羽化後的皇蛾因口器退化，並不能進食，唯一的使命便是傳宗接代。雌皇蛾會從尾端散發性費洛蒙來吸引雄蛾求偶完成交配，雄蛾藉由特化的觸角來偵測感知雌蛾的費洛蒙氣味所在處，來進行交配。雄蛾在交配前並無明顯的求偶動作，與斑蝶類求偶時會舞動翅翼並從尾端伸出毛筆器大相逕庭。雌雄交配時間可由 8~26 小時不等。羽化後的雌皇蛾壽命僅短短 6~14 天，一生產卵 120~200 多粒，無論有無交配皆會產卵。產下未受精的卵，卵會漸漸凹陷成空包蛋，成功受精發育的卵，經 7~9 日不等即會孵化。卵散產或聚產於食草上或近食草附近物體。偏離食草過遠時，孵化的幼蟲無法到達便會餓死。

① 交配。
② 交配特寫：左雄♂右雌♀。

交配：左雄♂右雌♀（側觀）。

皇蛾的食草

皇蛾的食草為廣食性，會利用多種不同科屬的植物葉片，在野外以江某、饅頭果屬最常觀察到幼蟲。人工飼養時可使用下列食草飼養：江某（鵝掌柴）、樹杞、春不老、茄冬、臺灣肉桂、伏牛花、奧氏虎皮楠、楓香、臺灣山桂花、蘋果、七里香、海桐、番石榴、武威山烏皮茶、大葉桃花心木、蓮霧、厚皮香、九芎、樟樹、桂花及菲律賓饅頭果、細葉饅頭果、錫蘭饅頭果、高士佛饅頭果、赤血仔等饅頭果屬植物為食；尤以江某最優。

花白色，花寬約 8mm。

① _ 食草：春不老生態照。
② _ 食草：樹杞生態照。
③ _ 江某：八卦山食草生育棲息地。

近年來坊間常以復育皇蛾作為攬客行銷。為達宣傳效果，將生命短暫僅 6~14 天的皇蛾放在手上或身體把玩作秀，將成蛾驚嚇玩耍一輪後，再以野放之名做宣傳。被驚嚇的皇蛾即使野放也早已驚嚇過度躲藏在暗處等死！更遑論交配繁衍下一代。如真要復育，應該是等羽化待翅膀硬化時，安安靜靜野放至有食草的闊葉林環境，而不是敲鑼打鼓辦活動找記者做宣傳野放。民眾參與公民科學是好事，但不建議用皇蛾短暫的生命來譁眾取寵，畢竟，牠羽化的使命是繁衍下一代。

1-3
蝴蝶如何辨雌雄

　　蝴蝶的嗅覺器官可偵測到約 10 公里內釋放出的性費洛蒙，所以當蝴蝶羽化時，雌蝶在翅膀還未乾硬前，往往就已經被巡邏中的雄蝶尋著費洛蒙氣味找到，進而強行交配；所以，在野外的雌蝶通常多數已經交配過。因此，在野外進行採集時，便可只鎖定雌蝶即可。採集雌蝶最主要是採卵，以獲得蝶卵來做幼蟲生活史的觀察與研究，所以如何辨識雌、雄蝶，是在野外採集必備知識。

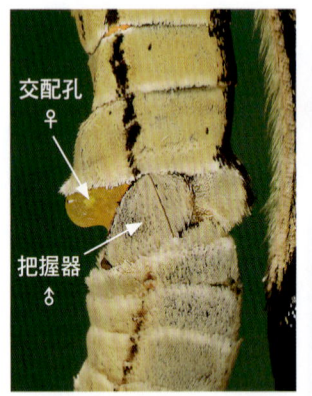

側面

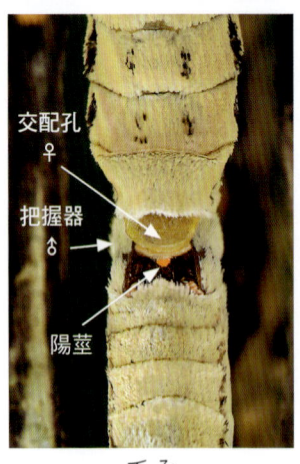

正面

柑橘鳳蝶：交配（上♀下♂）。

成蝶的腹部由 10 腹節組成，具有消化、排泄、繁殖等器官。雌蝶腹端在第 8~10 腹節，雄蝶在第 9~10 腹節高度特化成「外生殖器」。雌蝶在尾端具有 2 孔：「交配孔和產卵器」。雄蝶尾端具有一對把握器，在中央具有陽莖。因此，從腹部外觀來看，雌蝶的腹部尾端較膨大鈍圓，雄蝶的腹部尾端較瘦長銳形，可藉此簡易區別雌雄蝶。也可從蝴蝶的飛行姿態，簡易區別雌雄蝶。通常雌蝶在野外活動時，飛行較緩慢，常用腳觸碰植物葉片，尋找幼蟲食草。而雄蝶的飛行姿態往往橫衝直撞、來去匆忙，或在食草間穿梭飛行，找尋剛羽化的雌蝶。

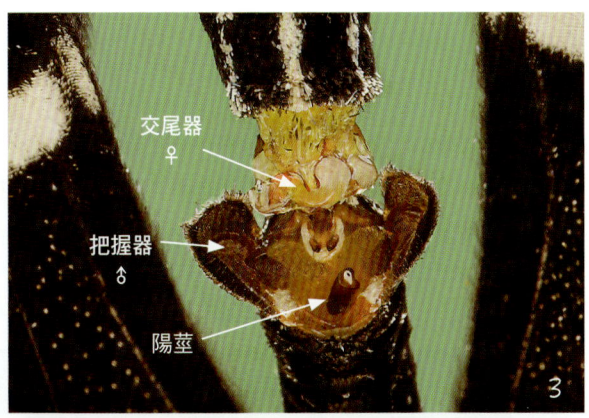

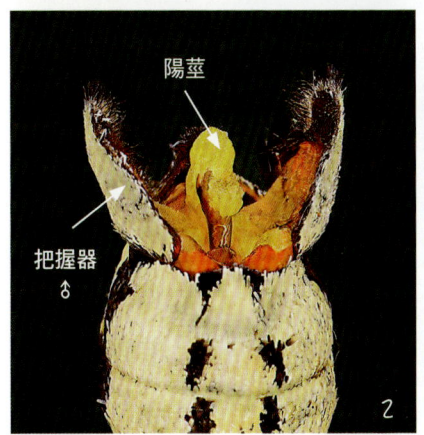

①_ 花鳳蝶（無尾鳳蝶）：雌蝶♀生殖器官。
②_ 花鳳蝶（無尾鳳蝶）：雄蝶♂生殖器官。
③_ 玉帶鳳蝶：交配正面（上雌♀下雄♂），交尾器瞬間放離的畫面。
④_ 玉帶鳳蝶：交配側面（左雌♀右雄♂），白帶型。

造物者的神奇幻術——雌雄異形

　　雌雄異形意指同一物種，在外觀形態的性別特徵明顯不同，判若 2 種不同蝶種。因此，有些蝶種是不需要捕捉蝴蝶來看外生殖器，就可以從外觀來辨別雌雄蝶。例如雌雄異形者：大鳳蝶、玉帶鳳蝶、異紋紫斑蝶（端紫斑蝶）、雌擬幻蛺蝶（雌紅紫蛺蝶）、鑲邊尖粉蝶、尖粉蝶、異粉蝶（雌白黃蝶）等等。

大鳳蝶

　　雌雄外觀斑紋差異甚大，宛若 3 種不同形態的蝴蝶。雄蝶有 1 型：翅膀兩面深藍黑色，在陽光下會閃爍著金屬般光澤。翅腹面前、後翅的翅基，有鮮明的紅色斑紋，後翅無尾突，肛角附近有橙色斑紋。雌蝶有 2 型，一型「無尾型」：翅腹面前翅為深灰白色，翅基有紅斑紋；後翅深藍黑色，翅基也有紅斑紋，在中央至亞外緣有成片的長條形白色斑紋，後翅無尾突。二型「有尾型」：

大鳳蝶：雄蝶 ♂ 吸水。

大鳳蝶：雌蝶♀（有尾型）吸食長壽花。 　　大鳳蝶：雌蝶♀（無尾型）吸食仙丹花。

翅腹面前翅灰黃色翅緣深藍色，翅基有紅斑紋；後翅深藍黑色，在中央有長形白斑，亞外緣有寬深藍黑色帶狀分布，後翅具有長尾突。

異紋紫斑蝶（端紫斑蝶）

雌雄外觀斑紋差異甚大。雄蝶：翅腹面為褐色，前翅的前半段及後翅中室外側和前、後翅外緣各室有灰藍色斑紋及斑點。翅背面為黑褐色，在前翅的前半段散生灰藍色斑紋與藍紫色光澤。雌蝶：翅為褐色，前、後翅兩面各室分布著白色條狀斑紋及斑點；翅背面在前翅翅端附近有藍紫色金屬光澤。

異紋紫斑蝶：飛舞交配中（左♂右♀）。

第 1 章 認識蝴蝶　43

雌擬幻蛺蝶（雌紅紫蛺蝶）

　　雄蝶翅腹面為橙褐色，前、後翅中央有大面積白斑，外緣黑色帶內密布白色波狀小斑紋。翅背面翅底為黑褐色，前、後翅中央共具 4 個藍紫色和白色光澤所組成的眼紋狀大斑紋。雌蝶翅腹面為黃橙色，在前翅翅端下方具有粗帶狀白色斑紋，後翅具有兩枚小黑斑，前、後翅的外緣黑色帶內密布白色波狀小斑紋。翅背面翅端為黑色內有粗帶狀白斑紋，在後翅前緣中央具有一枚黑斑。外觀擬態成有毒的金斑蝶。

雌擬幻蛺蝶：交配（左♀右♂）。

異紋帶蛺蝶（小單帶蛺蝶）

　　雌雄蝶腹面外觀形態相仿，翅背面差異甚大，判若兩種不同蝴蝶個體。雄蝶翅背面翅底為黑褐色，近翅端有 2~3 枚的白斑，中央具有一條前、後翅相連接的粗白色帶狀斑紋。雌蝶翅背面黑褐色，外觀像似三線蝶家族，但在腹部有一白斑紋可藉此區別。

異粉蝶（雌白黃蝶）

　　異粉蝶的翅腹面，雌蝶為淺黃白色，雄蝶為黃色，且密布細褐色斑點，在後翅亞外緣各具有少許褐色斑紋。翅背面雌雄斑紋明顯不同。雄蝶翅背面為黃色，前翅中央有大面積橙色斑紋，在翅端及前、後翅外緣有黑褐色斑紋。雌蝶翅背面為灰白色，前翅中央有大面積白色斑紋，在翅端及前、後翅外緣有黑褐色斑紋。

① 異紋帶蛺蝶（小單帶蛺蝶）：雄蝶♂覓食。
② 異紋帶蛺蝶：雌蝶♀。
③ 異粉蝶（雌白黃蝶）：雄蝶♂。
④ 異粉蝶：雌蝶♀食馬利筋花蜜。

尖粉蝶：雌蝶♀食花蜜（黃色型）。

尖粉蝶（尖翅粉蝶）

　　尖粉蝶的雄蝶翅腹面為淡黃白色。翅背面前、後翅全為白色，在前翅前緣及翅端外緣具有少許灰黑色細邊紋。雄蝶尾端具有黑褐色毛筆器之性徵。雌蝶外觀的色澤有 3 型「白色型、黃色型、雙色型」。白色型：前、後翅外緣為淡黃色至黃色，翅背面在前翅前緣沿翅端至外緣及後翅外緣密布黑色帶狀紋，而在翅端具有 2 枚小白斑。雙色型的外觀色澤則腹黃背白。黃色型的外觀色澤則為黃色。本種雌蝶主要辨識特徵：翅端尖形，具有 2 枚清晰白斑。

尖粉蝶：雌蝶♀食花蜜（白色型）。　　尖粉蝶：雄蝶♂。

雄蝶性徵

　　有些鳳蝶類的雄蝶後翅內緣會反摺；有些斑蝶類的雄蝶尾端具有毛筆器；有些蛺蝶類的雄蝶翅膀具有毛叢、性斑、發香鱗等特殊構造；有些粉蝶類翅膀具有性斑、毛叢或尾端具有長毛束；有些灰蝶和弄蝶類翅膀具有性斑或幼蟲可見精囊等等不勝枚舉，皆有雄蝶獨特的性徵可區分為雄蝶。

雄蝶♂性徵在前翅的背面下方，具有4條隆起長15~18mm灰黑色絨毛。

翠鳳蝶（烏鴉鳳蝶）：雄蝶♂展翅飛行時，在翅背可見條狀毛叢的性徵。

雄蝶性徵

黑鳳蝶：雄蝶♂吸食龍船花花蜜。雄蝶♂在後翅前緣具有一條長約 19 mm，寬約 4 mm 白色粗橫紋的特化鱗為雄蝶性徵。

長尾麝鳳蝶：雄蝶♂。雄蝶♂後翅內緣反摺和毛叢性徵特寫。

雄性性徵為塊狀
黑與白色斑紋

黑色性斑

黑色性斑

① _ 金斑蝶：交配（上♂下♀）。
② _ 斯氏絹斑蝶（小青斑蝶）：雄蝶♂吸食高士佛澤蘭花蜜。雄蝶♂在後翅肛角附近具有
　　1 枚長約 6mm 黑色性斑。
③ _ 絹斑蝶：交配（上雌♀下雄♂）。雄蝶♂在後翅肛角附近具有 1 枚長約 6mm 黑色性斑。

雄蝶性斑

雄性性徵

雄性性徵

① 淡紋青斑蝶：雄蝶♂性斑為褐色凸形狀，性斑長 5mm，寬 4.4mm。
② 小紫斑蝶：交配（上雄♂下雌♀），前翅具有大面積灰白色特化鱗為雄性性徵。
③ 斯氏紫斑蝶：雄蝶♂翅背面具有 2 條雄性性徵。

雄性性徵為條狀

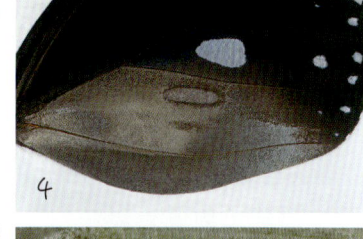

① 寬邊橙斑弄蝶：雄蝶♂展翅曬太陽。
② 燕灰蝶：雄性性徵在後翅腹面隱約有一小微突。
③ 旖斑蝶：雄蝶♂後翅背面內緣 1A+2A 脈，具有灰褐色條狀特化鱗的性徵。
④ 圓翅紫斑蝶：雄蝶前翅腹面的淺藍白色斑紋下方，具有一枚 6.5mm 橢圓形深灰色與特化鱗為性徵。
⑤ 遷粉蝶（淡黃蝶）：雄蝶♂在前翅後緣具有一叢黃毛為性徵。
⑥ 細波遷粉蝶：雄蝶♂左後翅背面具有長約 5mm 橢圓形白色雄性性徵。

51

弄蝶類的雄蟲幼蟲精囊

袖弄蝶（黑弄蝶）：雄蝶♂展翅。

薑弄蝶：5齡幼蟲，體長44mm。雄蟲在腹背第5~6腹節之間，具有2枚長1.5mm，寬0.8mm的黃色精囊。

袖弄蝶（黑弄蝶）：4齡幼蟲，體長36 mm，雄蟲在腹背可見黃色精囊。

斑蝶類的毛筆器

在雄蝶所有的性徵中，最吸引人類目光的便是斑蝶類雄蝶求偶時，會從尾端伸出1對似煙火狀的「毛筆器」。毛筆器會在空氣中釋放性費洛蒙來吸引雌蝶青睞而進行交配，其特殊化學氣味也有驅敵威嚇用途。

旖斑蝶雄蝶♂飛行中從腹端伸出1對淺褐色的毛筆器，散發性費洛蒙求偶。

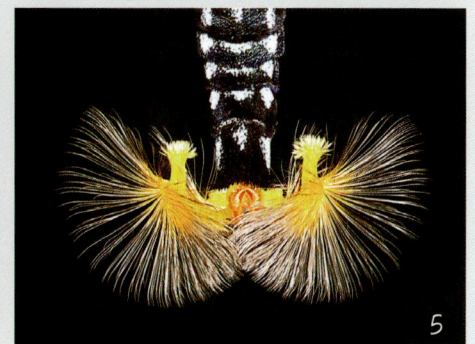

腹端伸出的
毛筆器具有2層
黃褐色毛叢

① _ 斯氏紫斑蝶的雄蝶♂伸出毛筆器散發性費洛蒙求偶。
② _ 異紋紫斑蝶的雄蝶♂從腹端伸出黃色毛筆器。
③ _ 絹斑蝶的雄蝶♂伸出淺褐色毛筆器散發性費洛蒙求偶。
④ _ 小紫斑蝶的雄蝶♂毛筆器為黃色。
⑤ _ 圓翅紫斑蝶的雄蝶♂毛筆器為黃色。

第 1 章 認識蝴蝶

① 淡紋青斑蝶雄蝶♂腹端會伸出黃褐色毛筆器。
② 小紋青斑蝶的雄蝶♂毛筆器為淺褐色。
③ 大白斑蝶的雄蝶♂毛筆器為黃色。
④ 鑲邊尖粉蝶的雄蝶♂腹端具有長約 3mm 黑褐色毛筆器之性徵。
⑤ 異色尖粉蝶的雄蝶♂尾端具有黑褐色毛筆器之性徵。
⑥ 尖粉蝶雄蝶♂尾端具有黑褐色毛筆器之性徵。

蝴蝶的 Love 愛

炎炎的夏日，是各種昆蟲活躍的時光；愛在屬於自己的季節，總是醉人迷戀。大地百卉爭妍，蝶飛蜂喧，也是蝴蝶的結婚旺季，聞訊而來參加花之饗宴的訪客，熙熙攘攘、絡繹不絕。蝴蝶的愛「不在乎天長地久，只在乎曾經擁有⋯⋯。」

紅珠鳳蝶交配（上♂下♀）。

柑橘鳳蝶交配（上♀下♂）。

蝶戀

午后的陽光，
投射在薄霧的疏林間，
烘托出浪漫的舞台，
喚醒了沉睡的山巒。
野百合深情吹奏着靡靡之音，
響起了夏之戀的曲目，
讓 夏豔的生命節奏，
吸引著眾蟲的目光。

此時 蟬鳴四起，
馬兜鈴吹着薩克斯風扮演，
奏起結婚進行曲……，
餘音萬物騷動，
阿勃勒迎風飛舞 落瓣而下，
熙來攘往的食客，
送上 祝福
「你們一定要幸福哦！」

①_ 玉帶鳳蝶交配（上♀下♂），白帶型。
②_ 豔粉蝶（紅肩粉蝶）交配（上♂下♀）。

①_ 綠島大白斑蝶交配（左♂右♀）。
②_ 黃鉤蛺蝶交配（左♀右♂）。
③_ 亮色黃蝶（臺灣黃蝶）交配（上♀下♂）。
④_ 蘇鐵綺灰蝶交配（左♀右♂，冬型）。

1-4
蝴蝶的天敵

　　蝴蝶的天敵種類眾多，凡是以蝴蝶的卵、幼蟲、蛹與成蟲各階段為食者；皆被稱為「蝴蝶的天敵」。例如：鳥類、兩棲類、爬蟲類、蜘蛛類、蜂類、蟻類、螳螂類、蜻蜓類、虻類、肉食性椿象類、草蛉類和寄生蜂類、寄生蠅類等多種天敵所捕食與寄生，抑或被真菌類、細菌類、病毒類所感染。

　　蝴蝶從「卵→幼蟲→蛹→成蟲」的過程中，每個階段都會面臨天敵無情的捕食或寄生、病菌、病毒的感染。誠然，要羽化成一隻翩翩飛舞的彩蝶，是多麼艱辛的一件事。

寄生性天敵

　　蝴蝶常見的寄生性天敵，主要以「寄生蜂」、「寄生蠅」較常見。牠們會選擇蝴蝶的卵、幼蟲和蛹為寄主，以被寄主之體內器官組織為食；在被寄生昆蟲未死之前，快速的在蟲體裡面成長茁壯，最後才從被寄生體鑽出來結繭或結蛹。卵被寄生後，顏色會從原來之卵色漸轉為黑色。幼蟲被寄生後，外觀看不出異常變化，幼蟲依然正常進食成長，並不會立即死亡，待體內器官組織被蠶食殆盡才漸死亡。蛹被寄生後，蛹內器官組織被蠶食破壞，顏色會從原來之蛹色漸轉為乾枯狀褐色至黑色的蛹。

卵寄生蜂類

　　臺灣常見的卵寄生蜂有「金小蜂科、緣腹細蜂科、赤眼卵蜂科及金小蜂科」等數種。

　　卵寄生蜂主要搜尋卵殼尚未完全硬化的蝶卵來產卵，雌蜂將產卵管刺

細帶環蛺蝶的卵被寄生後，卵由綠變為黑色。

入蝶卵內產卵 1~10 多粒不等或更多,孵化後食蝶卵內的養分,幼蜂發育成熟時再咬破卵殼而出。卵寄生蜂類的體長皆很細小,約莫 0.5~1mm,人類肉眼容易忽略,當發現卵被寄生時,蝶卵往往全數胎死卵中,無一倖存。尤其是人工繁殖蝴蝶園或標榜開放式復育的人造環境場域,最易吸引天敵來繁殖。

①_ 大鳳蝶的卵被黑卵蜂所寄生,卵蜂鑽出後,留下 2 個小孔。
②_ 臺灣翠蛺蝶的卵被卵寄生蜂所寄生,已轉為黑色胎死卵中。

臺灣翠蛺蝶的卵被卵寄生蜂寄生,體長 0.6mm,1 粒卵內有 9~11 隻赤眼小蜂。

已被寄生的卵　　　　　　　發育中的卵

已受精卵　寄生蜂

58

香蕉弄蝶的卵群被黑卵蜂寄生的孵化過程

1
香蕉弄蝶的卵群集體被黑卵蜂所寄生，卵表斑紋和色澤已發育異常。

4
黑卵蜂已爬出一半身體。

2
黑卵蜂正在咬破卵欲出來。

5
黑卵蜂已爬出卵殼外活動。

3
黑卵蜂頭胸部正爬出卵殼外中。

黑卵蜂爬出卵殼後便開始整理翅翼，有的飛走；有的在卵旁等雌蟲出來交配。

6 ← 黑卵蜂

幼蟲寄生蜂類

　　臺灣常見的幼蟲寄生蜂有「姬蜂科、小繭蜂科及小蜂科」等數種。幼蟲寄生蜂類主要搜尋蝶蟲的化學氣味來產卵，雌蜂將產卵管刺入蝶蟲體內產卵 1~ 近百粒不等。蝴蝶幼蟲從 1~ 終齡皆會被寄生，只是寄生種類不同，通常在鳳蝶科、蛺蝶科、粉蝶科、灰蝶科、弄蝶科的幼蟲可見到小繭蜂類，在斑蝶類幼蟲最易見到姬蜂類或雙重寄生的繭蜂。幼蟲性的寄生蜂在寄主蟲體內以各器官組織為食，待蜂蟲發育成熟後，便從蝶蟲體內依序集體鑽出體外來結繭化蛹。蟲體外留有黑針孔，外觀不忍卒睹。而小繭蜂的繭有黃色和白色之類別（待分類）。

① _ 翠斑青鳳蝶：5 齡被小繭蜂寄生（側面）。
② _ 翠斑青鳳蝶：5 齡被小繭蜂寄生（背面）。
③ _ 翠斑青鳳蝶：小繭蜂的繭特寫。幼蜂集體鑽出結繭，繭長 4.3mm，徑 1.8mm。

側面　正面

雙色帶蛺蝶：3齡幼蟲，體長5.5mm，剛鑽出的綠色寄生蟲長1mm，寬0.6mm。

黃裳鳳蝶的5齡幼蟲被小繭蜂寄生，蟲體奄奄一息。

黃色寄生蟲特寫

異紋帶蛺蝶的3齡幼蟲，體長8mm被寄生，寄生蟲黃色，體長1.7mm。

紫俳線蛺蝶的5齡幼蟲被眾多小繭蜂寄生，歿世。

琉璃蛺蝶5齡幼蟲，體長約44mm被寄生，繭長約8mm，寬約6mm。

①_ 琉璃蛺蝶：將羽化的小繭蜂會將繭咬成小圓洞而鑽出來；體長約 2.8 mm，正破繭而出。
②_ 琉璃蛺蝶：剛羽化的小繭蜂，繭蜂科，小腹繭蜂亞科 SP.，體長約 2.8 mm。
③_ 金斑蝶 5 齡幼蟲被姬蜂寄生成繭，繭長 10mm，寬 5mm。
④_ 剛從金斑蝶幼蟲羽化出來的姬蜂。姬蜂體長約 11mm，蛹期 12 日。
⑤_ 斯氏絹斑蝶（小青斑蝶）5 齡幼蟲被寄生，繭長約 10mm，寬約 5mm。
⑥_ 旖斑蝶 5 齡幼蟲被姬蜂所寄生，蛹長 9mm，徑 4mm。

① _ 翠斑青鳳蝶的 4 齡幼蟲被姬蜂所寄生。蛹長約 11mm，寬約 6mm。
② _ 2 隻青帶鳳蝶的 3 齡幼蟲同時被姬蜂所寄生。蛹長約 12mm，寬約 6mm。
③ _ 黃蝶 4 齡幼蟲被單 1 寄生。黃色型小繭蜂，繭長約 4.2mm，徑約 1.8mm。
④ _ 綠灰蝶的 4 齡幼蟲被單 1 寄生，體長 8mm，躲在果實內可見牠是無孔不入，繭長 4.5mm。
⑤ _ 臺灣灑灰蝶的 3 齡幼蟲，體長約 6mm 被單 1 寄生。白色繭長約 3mm，寬 1.4mm。
⑥ _ 豆波灰蝶的 3 齡幼蟲被單 1 寄生，體長約 4.6 mm。繭白色，長約 2.8 mm，徑約 1.5 mm。

竹橙斑弄蝶的5齡幼蟲躲在蟲巢內，也被小繭蜂找到寄生。

① 小繭蜂的幼蟲似蛆，正從小鑽灰蝶終齡幼蟲的身體鑽出來。
② 集體鑽出後，便在小鑽灰蝶幼蟲的身體周圍蠕動爬行找位置吐絲結繭。
③ 小鑽灰蝶被寄生後的4齡幼蟲，體長約17mm，約有22隻小繭蜂幼蟲鑽出吐絲結成白色的繭在蟲底部。
④ 長翅弄蝶的5齡幼蟲被小繭蜂寄生又染病。
⑤ 打開蟲巢，可見竹橙斑弄蝶5齡幼蟲屍體有多數小細孔和繭。
⑥ 禾弄蝶幼蟲被小繭蜂寄生，蝶蟲被吸乾而歿。

蛹寄生蜂類

　　臺灣常見的蛹寄生蜂有「姬蜂科、釉小蜂科及小蜂科」等數種。蛹寄生蜂大多選擇在蝴蝶前蛹、剛化蛹，蛹體尚柔軟時或把硬化後的蛹壁咬薄後，再將輸卵管刺入蛹內產卵。寄生蜂卵孵化後，以蛹內組織為食，長大再咬破蝶蛹而出。

① 金小蜂科，體長約2.7mm。寄生蜂利用大鳳蝶剛蛻皮成蛹時，在柔軟的蝶蛹上產了近10次卵，產卵程過中會驅離其他入侵的寄生蜂，也有用口器咬蛹表皮的動作。
② 從白豔粉蝶的蛹鑽出來的小蜂科「廣大腿小蜂」，體長約8mm。
③ 廣大腿小蜂：小蜂科，大腿小蜂屬。蟲體黑色，體長6~8mm，體背密布深灰色點狀刻紋；各足脛節以下為黃色，而後足腿節黑色特別膨大。
④ 姬蜂亞科 SP.，寄主是藍丸灰蝶的蛹。
⑤ 藍丸灰蝶：蛹側面，體長約8.5mm，寬約2.9mm，可隱約見即將羽化的姬蜂。

第 1 章 認識蝴蝶 | 65

① 無論是小幼蟲或大幼蟲皆是姬蜂寄生的對象，結蛹後鑽出來的卻是寄生姬蜂，體長約5.5 mm（臺灣模姬蜂）。
② 剛從迷你藍灰蝶的寄生蛹出來的姬蜂，體長約5.5 mm，在整理翅膀。
③ 大鳳蝶的蛹被寄生後外觀病態，蛹表分布有褐或黑色的針孔。
④ 寄生蜂在大鳳蝶前蛹上梭巡合適的產卵位置。
⑤ 寄生蜂正在大鳳蝶前蛹上產卵。
⑥ 寄生蜂在大鳳蝶軟蛹上產卵。

寄生蜂羽化過程

寄生於黃裳鳳蝶蝶蛹，釉小蜂科寄生蜂正羽化鑽出來的精彩過程。釉小蜂科蟲體藍黑色，具光澤被毛，體長 1.8~2 mm。頭寬大於胸部，腹部卵形，各足藍黑色，翅膀透明。

1. 黃裳鳳蝶蛹，長約 44mm，寬約 23 mm，被釉小蜂科所寄生，致使蛹體略發黑，外觀無異樣。
2. 寄生於黃裳鳳蝶蛹，寄生蜂正用口器漸咬出小洞要鑽出來。 
3. 寄生蜂頭、胸部鑽出洞外。 
4. 寄生蜂用前腳攀登出洞口。 
5. 寄生蜂用中後腳攀登出洞口。 
6. 寄生蜂爬出洞口。 
7. 寄生蜂同伴接踵而出。 
8. 已出來的寄生蜂在外面整理觸角。 
9. 寄生蜂在蛹翅緣上整理身體。 
10. 寄生蜂側面。 
11. 蛹裡面如泥漿，幼蟲躲藏在裡面生活（蛹縱剖面）。

寄生蠅類

　　寄生蠅為寄蠅科昆蟲，完全變態的昆蟲，生活史「卵→幼蟲→蛹→成蟲」4階段，體長2~18mm，外表像似家蠅，具舐吸式口器，吸食花蜜、蚜蟲、介殼蟲或植物所分泌的蜜露等糖分為食。臺灣的寄生蠅種類繁雜外觀又近似，有不少待分類之種類。牠們寄生在蝶蛾類的幼蟲，雌蠅會將卵產在食草上讓幼蟲吃進體內，將卵產在寄主幼蟲體表或將產卵管刺入寄主的體內產卵。孵化後鑽入體內寄生，便以寄主體內器官組織為食，等幼蠅成熟後鑽出寄生體外，再結成黑褐色膠囊狀的蛹。

寄生蠅蛹

① 大琉璃紋鳳蝶的蛹被寄生蠅所寄生時由綠轉褐色的外觀病樣。
② 大琉璃紋鳳蝶：從3齡蟲養至結蛹，從蛹中鑽出來的寄生蠅蟲化蛹，蛹長12mm，徑6mm。
③ 寄生蠅羽化出來時，雄蠅會徘徊守候在洞口，等待雌蠅爬出來強行交尾。圖為寄生蠅交配，體長約2 mm。
④ 日本紫灰蝶4齡幼蟲被寄生蠅寄生，寄生蠅正鑽出要化蛹，體長約10mm，被寄生的蟲體內被啃蝕殆盡，外觀似漏氣的皮球。

寄生蠅幼蟲

寄生蠅從此洞掉出

① 琉璃翠鳳蝶 5 齡幼蟲被 5 隻寄生蠅寄生，待至蝶蟲化蛹時；寄生蠅之幼蟲也發育成熟，此時寄生蠅便從蝶蛹體內鑽出化蛹，蛹長 8.5~9.5 mm，徑 4.5 mm。

② 寄生蠅體體長約 9mm，習慣將卵產於蟲體表面或食草葉片上，產於食草的卵會藉由幼蟲進食而進入體內。

③ 被寄生的青帶鳳蝶 4 齡幼蟲，體內寄生蠅正在吐絲結蛹。

④ 被寄生蠅寄生之幼蟲，化蛹後 2~3 天便轉為黑色（金鎧蛺蝶蛹）。

⑤ 臺灣盛蛺蝶的蛹長約 21mm，被寄生蠅寄生。蛆從腹部鑽出落地時，將觸角帶出落地，蝶蛹殼存留一條線般的外觀和 1 孔洞。

⑥ 白粉蝶的 4 齡幼蟲胸側被寄生蠅產了 1 粒橢圓形的白卵；待孵化後順鑽入體內寄生。

寄生蠅的蛹黑褐色，橢圓形，蛹長 8.5mm，寬約 4.5mm。較大的鳳蝶蛹，筆者曾記錄到 1 粒蛹內鑽出 10 粒寄生蠅蛹。

寄生卵

捕食性天敵

黃胸藪眉（藪鳥）

　　蝴蝶除了寄生性天敵外，在自然界中最常見的有「螞蟻、螳螂、蜥蜴、蜘蛛、蜂類、蛙類、蜻蜓、鳥類」等捕食性天敵。牠們會選擇蝴蝶的卵、幼蟲和前蛹、成蟲為食，是生態體系中各種肉食性食物中的消費者。大自然的生活機制，雖然如此殘酷現實，好像不是死亡便是生存；但彼此間卻是欣欣向榮不衝突，依循著物競天擇的自然法則在天地間運行。

細蝶被蜘蛛設網捕食。

三角蟹蛛捕食臺灣粉蝶雌蝶♀。

細紋貓蛛捕食玉帶鳳蝶幼蟲。

蜘蛛以網守株待兔來捕獲食物。

沖繩蟹蛛（琉球三角蟹蛛）捕食雅波灰蝶。

① 螞蟻正將要孵化的 1 齡幼蟲從卵中咬出捕食（幻蛺蝶的卵群）。
② 散紋盛蛺蝶（寬紋黃三線蝶）的卵群被螞蟻搜尋到咬食。
③ 螞蟻部隊正在咬食蕉弄蝶的蛹。
④ 螞蟻捕食體長約 4mm 的綠弄蝶 1 齡幼蟲。
⑤ 螞蟻正在咬食大鳳蝶的卵粒，同時也通知螞蟻部隊來幫忙。
⑥ 螞蟻捕食體長 3mm 柑橘鳳蝶的 1 齡幼蟲。
⑦ 椿象正以刺吸式口器，刺入玉帶鳳蝶 5 齡幼蟲的體內來吸食養分。

第 1 章 認識蝴蝶 | 71

① 椿象正以刺吸式口器，刺入淡黃蝶 5 齡幼蟲的體內來吸食養分。
② 叉角厲椿象若蟲捕獲琉蛺蝶 5 齡幼蟲，以刺吸式口器麻痺獵物後再吸食體液。
③ 叉角厲椿象正以刺吸式口器，刺入玉帶鳳蝶 3 齡幼蟲吸食體液。
④ 椿象有食植性與肉食性者，本種褐翅椿象為食植性，一齡若蟲，食草柑橘類。
⑤ 寬腹斧螳若蟲捕食琉蛺蝶。

①_ 壁虎是住家內、外的牆壁、圍牆、大樹或網室內，常見的捕食性天敵，而且神出鬼沒防不勝防，不易驅逐。
②_ 螳螂喜愛躲藏在花叢間，等待前來傳粉的各種蟲媒。圖中：一隻黃蝶因訪花，不慎被螳螂鎌刀狀的前腳所捕獲，螳螂喜愛取食頭部、胸部和腹部，不吃蝴蝶的翅膀。
③_ 紫紅蜻蜓雄蟲。翅膀紅紫色，腹部末2節具黑色斑。
④_ 柑橘鳳蝶蛹被金小蜂所寄生。
⑤_ 細波遷粉蝶（水青粉蝶）的幼蟲多見棲息在葉表，因而常被黃長腳蜂所捕食，將牠咬碎製成肉丸子攜回巢穴。
⑥_ 圓翅紫斑蝶幼蟲被姬蜂寄生。

病菌感染

①_ 黃裳鳳蝶的卵被黴菌感染後，卵表密生白色菌絲。
②_ 熱帶橙斑弄蝶：卵白色，半圓形，徑約1.1mm，高約0.8mm，被黴菌感染的病態。
③_ 多姿麝鳳蝶的5齡幼蟲被病毒感染的腐敗病態。
④_ 紅珠鳳蝶的蛹被病毒感染而發黑發臭，蛹殼破裂流出體液。
⑤_ 大鳳蝶前蛹時遭病毒感染發黑軟化，導致化蛹失敗。
⑥_ 斐豹蛺蝶的蛹原本淺褐色，被病毒感染轉黑而腐臭。

① 薑弄蝶的蛹原本米白色，因感染轉黑死亡硬化。
② 玉帶鳳蝶的蛹原本綠色，因被病毒感染轉黑軟化死亡。
③ 白裳蝶的蛹原本綠色，被病菌感染發霉，蛹表分布白色黴菌。
④ 凹翅紫灰蝶的蛹被病菌感染發霉，氣孔密生黴菌已歿無法羽化。
⑤ 麝鳳蝶的蛹原本淺粉褐色，被病毒感染後發黑，色澤與本色明顯有差異。
⑥ 細蝶的蛹被黴菌感染長滿菌絲。

第 1 章 認識蝴蝶 | 75

1-5 蝴蝶的防禦

蝴蝶的幼蟲和成蟲為了適應危機四伏的大自然，族群間各自演化出各種巧妙的求生方法，來躲避天敵的捕食。在野外觀察時，也要間接瞭解牠們的防禦方式。蝴蝶常見的防禦招數有：模擬、擬態、警戒色、保護色、偽裝、禦敵等方法。

擬態

何謂「擬態」？簡言之：某種生物外觀具有鮮明的警戒色或毒性，天敵較不喜歡掠食，擬態物種便模擬成該生物的模樣，避免被天敵所捕食。因此，擬態可以說是一種生物混淆掠食者所演化的現象。蝴蝶常見的擬態現象有：貝氏擬態和穆氏擬態。

貝氏擬態

擬態物種模仿有毒或其他口感、味道不佳之物種外觀形態，藉以避免天敵所捕食之現象。例如：雌擬幻蛺蝶（雌紅紫蛺蝶）雌蝶♀或斐豹蛺蝶（黑端豹斑蝶）擬態成有毒的金斑蝶外觀，玉帶鳳蝶紅斑型雌蝶擬態成有毒之紅珠鳳蝶外觀，幻蛺蝶擬態成異紋紫斑蝶外觀。

雌擬幻蛺蝶雌蝶♀擬態成有毒的金斑蝶的外觀花紋。　　斐豹蛺蝶雌蝶♀擬態成有毒的金斑蝶的外觀花紋。

玉帶鳳蝶紅斑型雌蝶♀，擬態成有毒之紅珠鳳蝶的外觀花紋。

幻蛺蝶（琉球紫蛺蝶）：交配左♀右♂，擬態成異紋紫斑蝶的外觀花紋。

穆氏擬態

兩種具有毒性、口感不佳之物種，彼此相互擬態，以增強警戒效果，來混淆掠食者。

斯氏絹斑蝶（小青斑蝶）與旖斑蝶（琉球青斑蝶）彼此外觀很相似，為穆氏擬態現象。圖為旖斑蝶雄蝶♂展翅。

金斑蝶（樺斑蝶）和虎斑蝶（黑脈樺斑蝶）彼此外觀很相似，因寄主植物為有毒植物，所以蟲體皆屬於口感、味道不佳之蝶種。圖為金斑蝶交配（上♂下♀）。

第 1 章 認識蝴蝶 | 77

模擬

在昆蟲的世界中,有許多昆蟲藉著模擬來躲避天敵的捕食,模擬自然界的景物現象,是很高明的演化招數。蝴蝶也是一樣,會模擬成枯葉、條狀鳥糞、樹皮、枯枝、果實等各種造型來欺敵,隱藏在自然環境中,讓天敵不易發現行蹤。

模擬成蛇信──臭角

鳳蝶類幼蟲與生俱來具有一種防禦天敵的器官「臭角」,當受到天敵驚擾時,便會從頭頂後方伸出吐蛇信狀之 2 叉臭角散發嫌忌氣味,且挺起頭至第 2 腹節左右搖晃,搭配大假眼紋圖騰,藉以達到虛張聲勢、威嚇天敵的效果;此化學氣味刺鼻難聞故稱為「臭角」。例如食芸香科柑橘類的幼蟲,臭角所散發刺鼻之氣味,便來自柑橘葉片裡的油胞氣味。再者,因蝶種而異,臭角的顏色、蟲體圖騰紋路、假眼紋可供辨識蝶種比對。

翠斑青鳳蝶 5 齡幼蟲受到驚嚇伸出臭角時之連續過程:

① _ 剛伸出臭角。
② _ 持續伸出臭角。
③ _ 持續伸出更長臭角。
④ _ 持續伸出更長臭角,往後下腰。
⑤ _ 下腰俯瞰。

臭角顏色可當作辨識蝶種參考

食芸香科植物的蝶種，臭角有紅、橙、黃等各種色彩的呈現。

① _ 玉帶鳳蝶 5 齡幼蟲，在遇到驚擾時，便會伸出臭角，散發化學氣味，以驅逐、威嚇天敵。
② _ 花鳳蝶 5 齡幼蟲伸出紅與黃的雙色臭角為本種辨識特徵。
③ _ 翠鳳蝶 5 齡幼蟲，體長約 40 mm，伸出黃色臭角。
④ _ 大鳳蝶 5 齡幼蟲伸出黃橙色臭角，其臭角是鳳蝶類最長者。
⑤ _ 黑鳳蝶 5 齡幼蟲伸出紅紫色臭角。
⑥ _ 無尾白紋鳳蝶 5 齡幼蟲伸出紅色臭角。
⑦ _ 柑橘鳳蝶 5 齡幼蟲伸出黃色臭角。
⑧ _ 大白紋鳳蝶 5 齡幼蟲伸出紅色臭角。

食馬兜鈴屬植物的蝶種，臭角大多為黃橙色。

黃裳鳳蝶 5 齡幼蟲，伸出黃橙色臭角。

紅珠鳳蝶 5 齡幼蟲（終齡），體長約 45mm，伸出黃橙色臭角。

多姿麝鳳蝶 5 齡幼蟲伸出黃橙色臭角。

麝鳳蝶 5 齡幼蟲，體長 40 mm，伸出黃橙色臭角。

模擬成動物假頭

玳灰蝶和燕灰蝶（墾丁小灰蝶）的尾部眼紋和會上下活動的絲狀尾狀突起，外觀模擬成「假頭」，可用於蒙騙欺敵。眼紋徑約 2.2 mm，與頭部腹眼等大，尾狀突起長約 5 mm 似觸角。

秀灑灰蝶雄蝶♂的擬假頭，被天敵咬一角，因而倖存。

後翅肛角的假眼紋與尾突似假頭。

尾突

假眼紋特寫

擬假頭

玳灰蝶雌蝶♀吸食大花咸豐草花蜜。

81

燕灰蝶雄蝶♂吸水

後翅肛角的假眼紋與尾突似假頭。

82　白雅波灰蝶的尾部眼紋和會上下活動的絲狀尾狀突起，外觀模擬成「假頭」，可用來欺敵。

模擬成鳥糞

　　外觀模擬得像條狀鳥糞的蟲蟲，1~4 齡幼蟲當受到驚擾時，一樣會伸出長短不一的 2 叉臭角來驅敵，習慣棲於葉表偽裝。

①_ 掉落在柑橘葉表的鳥屎。
②_ 玉帶鳳蝶 4 齡幼蟲背面，體長約 20 mm，第 7 腹節至尾端的白斑相連呈 U 型。
③_ 柑橘鳳蝶 4 齡幼蟲背面，體長 18mm，棲息於橘柑。
④_ 無尾白紋鳳蝶 4 齡幼蟲，體長約 25mm，棲息於山橘葉表。
⑤_ 花鳳蝶 4 齡幼蟲，體長 24mm，棲息於橘柑葉表。
⑥_ 黑鳳蝶 4 齡幼蟲背面，體長約 29mm，靜止棲息於柚葉葉表。
⑦_ 黑鳳蝶 4 齡幼蟲背面，當受到驚擾時，會伸出紅紫色臭角來威嚇。

1　枯葉蝶覓食：左♀右♂

模擬成植物

① 枯葉蝶的外觀模擬成枯葉形狀，而且連葉片的主、側脈和葉柄都具備；模擬得唯妙唯肖。
② 網絲蛺蝶的蛹外觀宛若一片捲狀枯葉，隱藏在枝椏間，不易被天敵所發現。
③ 琉璃蛺蝶的外觀像似長青苔的樹皮。
④ 臺灣絹蛺蝶的蛹外觀像似一粒豐腴的果實，著生在枝葉上，來混淆欺矇天敵，讓天敵找不到牠。
⑤ 白裳貓蛺蝶（豹紋蝶）的蛹外觀模擬成一片被蟲啃食得殘缺不全的葉片，來混淆欺矇天敵。

2　網絲蛺蝶的蛹，體長約26mm，側面寬約8.5mm。

3　琉璃蛺蝶雄蝶♂覓食

4　臺灣絹蛺蝶的蛹（綠色型），卵形，體長約13.5mm，寬約9.5mm。

5　白裳貓蛺蝶的蛹。

裝死

　　蝴蝶幼蟲與成蟲受到驚擾或被捕捉時，會身體蜷縮、靜止不動或從停留處落地偽裝成死亡之狀態，等感知無危險時，隨即飛奔逃離現場的欺敵行為，即稱為「裝死」或「假死」。

幼蟲的假死姿態

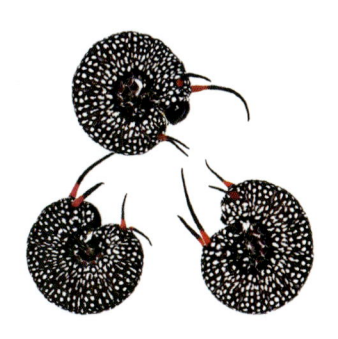

旂斑蝶的幼蟲受到驚擾時，蟲體會落地蜷曲有假死之行為（終齡幼蟲體長約38mm）。

巴氏黛眼蝶的6齡幼蟲，體長約39mm，受到驚擾時會落地，將蟲體蜷曲起來假死。

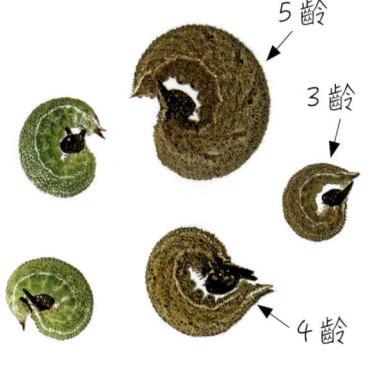

切翅眉眼蝶的3、4、5齡幼蟲，受驚擾時蟲體會落地蜷曲的假死現象。

側觀
仰視

達邦波眼蝶的5齡幼蟲經騷擾呈僵直或彎曲的假死現象。

密紋波眼蝶的4齡幼蟲體長約17mm，受驚擾時蟲體會落地蜷曲的假死現象。

小波眼蝶的5齡幼蟲體長20mm，一動也不動的裝死，配合枯葉的保護色，可藉以躲避天敵的捕食。

鱗紋眼蛺蝶的5齡幼蟲體長38mm，受到驚擾時會落地，將蟲體蜷曲起來假死。

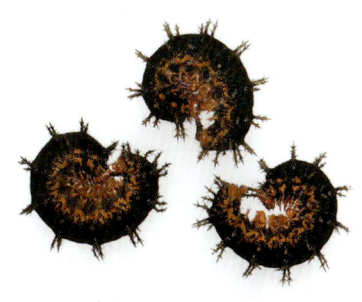

雌擬幻蛺蝶的5齡幼蟲，受驚擾時蟲體會落地蜷曲的假死現象。

大白斑蝶5齡幼蟲，體長50 mm，當受到驚擾時蟲體會蜷曲的假死現象。

成蝶的假死姿態

小紫斑蝶的雌蝶♀假死。　　異紋紫斑蝶的雌蝶♀被捕捉時在手心上假死，等待機會逃逸。　　紅珠鳳蝶的雌蝶♀假死。

警戒色

　　有些蝴蝶幼蟲主要以夾竹桃、蘿藦科等的有毒植物為食草，當幼蟲取食這類有毒植物，經年累月在大自然的演化和環境適應，自己卻不會中毒死亡，還會將這些毒素吸收儲存於體內成為防禦的武器。蟲體累積了這些植物毒素後，幼蟲、蛹和成蝶外觀均演化出大多具有紅、黃、黑、白色等醒目斑紋與斑點，成為顯眼的警戒色。聰明的蝴蝶利用警戒色警告捕食性天敵「我有毒！請勿吃我。」，族群亦因此得以永續繁衍下去。

❶ 斑蝶亞科幼蟲的食草為蘿藦科與夾竹桃科的有毒植物，植物體具有白色乳狀之有毒植物鹼 CGs，毒素會一直儲存於幼蟲、蛹和成蟲體內，以致從幼蟲時期就有醒目警戒色，蝶蛹演化出鏡面般之金屬光澤，成蟲亦具有鮮明之警戒色，因此斑蝶的飛行一般不疾不徐，悠然自得。

虎斑蝶 5 齡幼蟲。蟲體外觀演化出具有對比強烈、鮮豔明亮之紅、黃、黑、白色之條紋與斑點為警戒色。

①_ 金斑蝶 5 齡幼蟲，體長 42 mm，體表色彩鮮明為警戒色。
②_ 大白斑蝶的垂蛹，金黃色，體長 30mm，寬 12mm。蛹表具有閃亮反射光澤可避天敵捕食。
③_ 異紋紫斑蝶的蛹具有鏡面般之金屬光澤反射。
④_ 斯氏紫斑蝶（雙標紫斑蝶）的垂蛹，淺褐色型，長約 20mm，寬 10mm。
⑤_ 斯氏紫斑蝶的蛹側面（黃綠色型），蛹表具有影像錯位反射光澤可避敵。
⑥_ 金斑蝶交配（上♂下♀）。美麗的顏色斑紋，是用來警告捕食者我有毒的警戒色。
⑦_ 虎斑蝶雌蝶♀吸食有毒植物馬利筋花蜜。

② 大白斑蝶、綠島大白斑蝶的幼蟲以有毒植物**爬森藤**為食。幼蟲體內具有毒素，外觀也具顯眼的黑、白、紅斑點與斑紋之警戒色，這警戒色往往讓天敵退避三舍，不喜歡捕食牠。難怪牠的成蟲可以肆無忌憚，悠哉悠哉的徜徉在湛藍的大自然。

①_ 綠島大白斑蝶雄蝶♂吸食高士佛澤蘭。黑白色的強烈對比為天敵的警戒色。
②_ 綠島大白斑蝶 5 齡幼蟲，體長約 45mm。紅與黑色強烈對比為天敵的警戒色。
③_ 大白斑蝶 5 齡幼蟲，體長 55mm。紅和黑與黃色相間成強烈對比為天敵的警戒色。

③ 豔粉蝶和白豔粉蝶的幼蟲，以生長在半空中的桑寄生植物為食，蟲體群聚，又有長柔毛和紅、黃相間極為顯眼的警戒色，讓天敵敬而遠之。

①_ 豔粉蝶 5 齡幼蟲，體長 33 mm。紅和黃色相間的強烈對比為天敵警戒色。
②_ 白豔粉蝶 5 齡幼蟲，體長約 30mm，黃色，密生長柔毛似蛾類，為天敵警戒色。

保護色和偽裝

蝴蝶在天敵環伺的大自然裡，無論是幼蟲、蛹或是成蟲，都演化出會運用自然環境中之綠色系或褐色系，將自己融入自然環境中來隱藏、偽裝行蹤，以免被天敵所發現或捕食，這種自保的方式稱為「保護色」。「保護色和偽裝」是蝴蝶幼蟲、蛹與成蟲，最基本的自我保護功能，讓自己隱藏在草叢、岩石、枯葉、樹林枝椏等處，來保護自己的生命安全。

❶ 有些豆科植物的葉片具有「睡眠運動」，在日暮時分會閉合休息。蝴蝶幼蟲棲息在其中，會被閉合的葉片包藏在裡面，而受到保護。

❷ 有些蛺蝶類的 1~4 齡幼蟲，喜愛棲息在葉脈先端，利用碎葉片、糞便製作蟲座與糞橋，再配合褐色的體色融入自然環境中，偽裝保護自己的安全。

黃蝶（荷氏黃蝶）4 齡雄蟲，體長約 14mm，隱棲於印度田菁葉軸做隱蔽。

①_ 異紋帶蛺蝶 4 齡幼蟲，體長約 17mm，棲息在蟲座與糞橋上做偽裝。
②_ 雙色帶蛺蝶 1 齡幼蟲，體長約 3mm，棲息在蟲座與糞橋上。
③_ 金環蛺蝶的 3 齡幼蟲，體長約 7.5mm 和蟲巢，棲息在蟲座上，會咬傷羽片軸使其下垂凋萎的行為做偽裝。
④_ 白圈線蛺蝶 1 齡幼蟲，體長 3.3mm，棲息在蟲座與糞橋上做偽裝。

細帶環蛺蝶 1 齡幼蟲會在食草葉片中肋先端，留下一小蟲座棲息用。

細帶環蛺蝶 1 齡幼蟲，體長約 4 mm，在朴樹的食痕與蟲座上偽裝。

1 齡幼蟲，體長 3.7mm，棲息在與蟲體約等長的蟲座上偽裝。

③ 蝴蝶幼蟲和蛹的體色會隨著環境而改變，來融入周圍環境色，藉由靜止不動的保護色達到隱蔽、偽裝欺敵的效果，躲避天敵的捕食以求生存。

① 波灰蝶 4 齡幼蟲，體長約 6mm，將自己隱身於大葉合歡花苞相仿。
② 暮眼蝶 5 齡幼蟲，體長 36mm，棲於巴拉草做隱身。
③ 森林暮眼蝶前蛹。
④ 森林暮眼蝶蛹側面。體長約 17mm，寬約 7.7mm，在偌大的草叢中不易被發現。
⑤ 切翅眉眼蝶蛹側面，體長約 14.5 mm，寬約 6mm，綠中帶褐色完全融入環境中做保護。

④ 蝴蝶結成蛹後無法像幼蟲一樣可以走動，因此蝶蛹便演化運用自然環境中之綠色系或褐色系，將自己融入自然環境，隱藏、偽裝自己的行蹤，以保護自己。

① 大鳳蝶蛹（背面），綠色系隱身在曠野綠海中不易被天敵所察覺。
② 大鳳蝶蛹（側面），綠色與褐色混合型，外觀色澤似具有青苔之樹皮。蛹長約 41mm，寬約 16mm。
③ 枯葉蝶蛹側面和背面，褐色系在浩瀚綠林枯葉中具有隱蔽效果。
④ 黑鳳蝶蛹背面（褐色型），體長 39mm，寬 14mm，外觀模擬似樹皮紋路的保護色。

⑤ 大多數的蝶類幼蟲多見為綠色系。而枯葉蝶、蛇目蝶類、蔭蝶類等之幼蟲或成蟲，體色多為褐色系，與自然環境之枯葉、樹皮或土地、岩石顏色相融合，具有良好保護作用。

切翅眉眼蝶的雌蝶♀展翅，外觀色澤融入岩石中做保護。

黃帶隱蛺蝶的雌蝶♀合翅時似枯葉，完全融入大自然中。

①_ 琉璃蛺蝶雌蝶♀外觀色澤似具有青苔之樹皮做保護。
②_ 枯葉蝶（左♀右♂）外觀似一片真枯葉，不易被天敵所察覺。
③_ 黯眼蛺蝶雄蝶♂吸食腐果汁液。展翅時似枯葉，完全融入大自然中。

禦敵和恫嚇

在大自然裡，蝴蝶如果不具警戒色、保護色或偽裝的功能，那豈不是「挫咧等，穩死咧！」怎麼辦？別緊張！其實牠們還有別的招數「禦敵」和「恫嚇」。例如幼蟲體渾身具棘刺，外觀似毒刺蛾；長相兇惡，讓捕食性天敵退避三舍、難以下嚥。

① 有些蛺蝶科之幼蟲體表布滿硬質棘刺或突起、羽狀刺毛，外觀面目可憎，讓天敵覺得難以吞嚥，因而受到保護，免於被捕食或碰觸。例如：異紋帶蛺蝶、琺蛺蝶、玄珠帶蛺蝶等蝶類的幼蟲。

①_ 玄珠帶蛺蝶（白三線蝶）5齡幼蟲化蛹前變色，體長約30mm，棲於細葉饅頭果。
②_ 異紋帶蛺蝶（小單帶蛺蝶）5齡幼蟲化蛹前由綠轉為米黃色，體長32mm。
③_ 枯葉蝶6齡幼蟲，體長約61mm。雖然外觀其貌不揚，但牠的紅色棘刺尖銳，足以刺傷人。

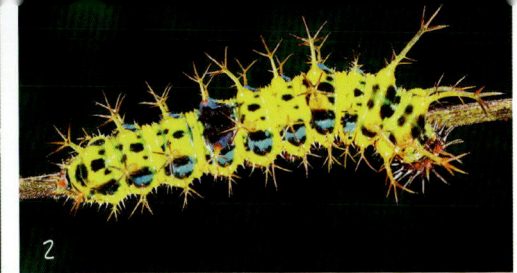

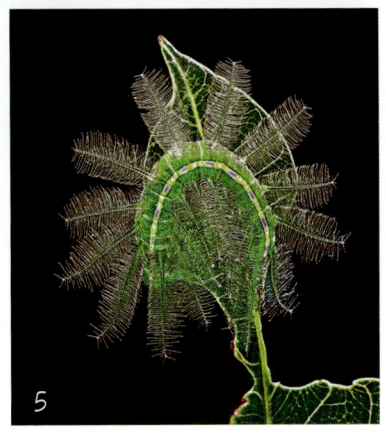

① 細蝶 5 齡幼蟲，體長 39mm，體表各節分布棘刺。
② 雙色帶蛺蝶（臺灣單帶蛺蝶）5 齡幼蟲，體長 31mm，體表各節分布棘刺。
③ 琉璃蛺蝶 5 齡幼蟲，體長約 44mm，體表各節分布棘刺。
④ 左為幻蛺蝶（琉球紫蛺蝶）5 齡幼蟲，體長約 36mm 與右為雌擬幻蛺蝶（雌紅紫蛺蝶）5 齡幼蟲，體長約 34mm 比較圖。
⑤ 芒果蝶終齡幼蟲，體長約 53mm，體表各節分布羽狀刺毛做保護。
⑥ 閃電蝶 4 眠幼蟲時體長約 28mm，體表各節分布羽狀刺毛做保護。
⑦ 紫俳線蛺蝶 3 齡幼蟲蛻皮成 4 齡，體長約 12mm，棲息於紅腺忍冬，體表密布白棘刺。

❷ 有些弄蝶科的幼蟲會吐絲製作蟲巢,來躲避捕食性天敵的捕食。雖然蟲巢的隱密很高,但還是躲不過寄生性天敵的寄生或蟻類的攻擊。

2齡幼蟲,體長約8mm

埔里星弄蝶(埔里小黃紋弄蝶)3齡幼蟲在臺灣馬藍的蟲巢,巢長22mm。

臺灣瑟弄蝶(大黑星弄蝶)2齡幼蟲在山胡椒葉片的蟲巢。

3齡幼蟲,體長11mm

❸ 食用馬兜鈴類植物之鳳蝶幼蟲,體內具有「馬兜鈴酸」毒素,且全身布滿肉棘,讓天敵覺得是不可口的食物,而成蝶則具有特殊的化學氣味讓牠減少被捕食的機會。

1　2　3　4　5

① 多姿麝鳳蝶(大紅紋鳳蝶)5齡幼蟲,體長約43mm,體表密布肉棘禦敵。
② 長尾麝鳳蝶(臺灣麝香鳳蝶)5齡幼蟲,體長約47mm,白色肉突長約4.6mm。
③ 黃裳鳳蝶4齡幼蟲,體長約30mm,正在咬食瓜葉馬兜鈴嫩莖。
④ 紅珠鳳蝶5齡幼蟲,體長約45mm,伸出臭角威嚇。
⑤ 麝鳳蝶5齡幼蟲,體長約35mm,棲息於裕榮馬兜鈴葉背,伸出臭角禦敵。

❹ 蝴蝶的幼蟲有很多隻腳,但行動緩慢跑不快,於是棲息於葉背,便可避免被天敵發現而遭捕食;對於一些沒有特殊防禦功能的蝶種來說,這是最基本的禦敵方式。

①_ 方環蝶 3 齡幼蟲群聚,體長 17mm,外觀像似毛毛蟲,令人畏怯。
②_ 鐵色絨弄蝶 5 齡幼蟲,體長 46mm,外觀毛茸茸的,令天敵倒胃怯步。

❺ 有些蝴蝶的翅膀上,具有由鱗片所組成之假眼紋,外觀似動物的眼睛。當捕食者接近時,這個假眼圖騰可以達到恫嚇與避敵的效果。

①_ 眼蛺蝶翅背的眼紋似鳥禽的眼睛,借此可嚇阻天敵的蠢蠢欲動。
②_ 青眼蛺蝶的雄蝶♂覓食,翅背具藍紫色光澤閃耀,眼紋似鳥禽的眼睛來避敵。
③_ 青眼蛺蝶的雌蝶♀展翅曬太陽,翅背的眼紋似鳥禽的眼睛來避敵。

❻ 蛇目蝶類之成蝶體色多為褐色系，翅膀上分布著大小不一致的眼紋，眼紋除了恫嚇、混淆視覺作用外，也用來警告天敵，使其知難而退。

①_ 小波眼蝶雌蝶♀吸食大花咸豐草花蜜。
②_ 大波眼蝶（大波紋蛇目蝶）雄蝶♂覓食。
③_ 密紋波眼蝶（臺灣波紋蛇目蝶）雌蝶♀覓食。
④_ 切翅眉眼蝶／剛羽化休息中的雌蝶♀。

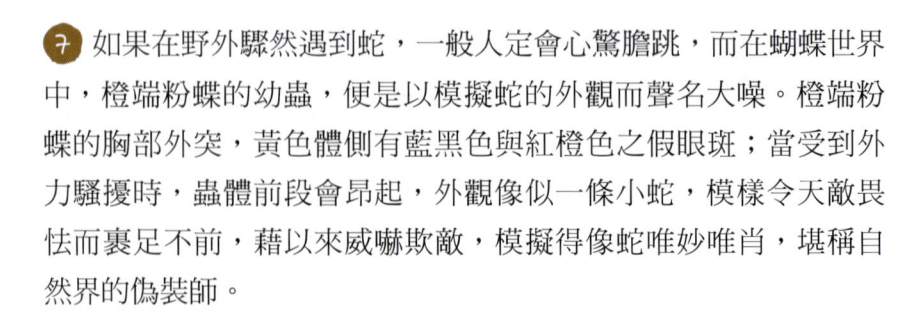

❼ 如果在野外驟然遇到蛇，一般人定會心驚膽跳，而在蝴蝶世界中，橙端粉蝶的幼蟲，便是以模擬蛇的外觀而聲名大噪。橙端粉蝶的胸部外突，黃色體側有藍黑色與紅橙色之假眼斑；當受到外力騷擾時，蟲體前段會昂起，外觀像似一條小蛇，模樣令天敵畏怯而裹足不前，藉以來威嚇欺敵，模擬得像蛇唯妙唯肖，堪稱自然界的偽裝師。

①_ 橙端粉蝶 5 齡幼蟲外觀模擬似小青蛇，藉以躲避天敵捕食。
②_ 橙端粉蝶 4 齡幼蟲，體長約 36mm，蟲體外觀似蛇。
③_ 橙端粉蝶 5 齡幼蟲特寫。胸部具有紅、黃、藍鮮明的警戒色。

❽ 鳳蝶科選擇食用柑橘類植物之幼蟲，在遇到驚擾時，會由前胸與頭部接緣，伸出 2 叉狀「臭角」（嫌忌腺），此臭角會分泌揮發性刺鼻氣味來虛張聲勢與恫嚇天敵。

①_ 翠鳳蝶（烏鴉鳳蝶）的 5 齡幼蟲，胸部圖騰與伸出臭角時似蛇吐蛇信狀特寫。
②_ 花鳳蝶（無尾鳳蝶）的 5 齡幼蟲胸部圖騰與伸出 2 叉狀雙色臭角特寫。

第 1 章 認識蝴蝶

低溫型與夏型，越冬的蝶與蟲

有些蝴蝶的幼蟲和成蝶會隨著時序及周遭環境變化，外觀也跟著變化來保護自己，大自然真是好奇妙，不知道牠們是怎麼辦到的？

❶ 白蛺蝶的幼蟲 3～5 齡，在凜冽的冬風來臨時，便開始準備進入隆冬的低溫期休眠。牠的體色會由綠色轉為褐色，垂懸在枝葉上做偽裝，配合寄主植物**沙楠子樹**的落葉性相伴休眠。等待到翌年春天，**沙楠子樹**抽出翠綠的新葉，白蛺蝶的幼蟲也被春神喚醒起來，牠的體色會由褐色轉為原來的綠色。

①_ 白蛺蝶 3 齡幼蟲褐色型，體長約 13mm，棲息於葉背先端越冬。
②_ 白蛺蝶 5 齡幼蟲，體長 30mm。體色由綠轉為褐色型，棲息於葉背越冬。
③_ 普氏白蛺蝶 3 齡幼蟲，越冬時體色會由綠轉為褐色越冬。
④_ 花鳳蝶（無尾鳳蝶）的 5 齡幼蟲伸出臭角，低溫型的體色偏淺黃色。

❷ 時序染上濃濃秋意，有些越冬型的成蝶會選在這時刻褪去夏裝，把自己妝點成枯葉，外觀與自然環境之枯葉顏色相融合，迎接冬日的陽光。有些蝶則會羽翼色澤較夏型偏白，產生斑紋、斑點變稀疏淡化、眼紋退化等等變化來保護自己。

1 夏型

2 冬型

3 夏型

4 冬型

① _ 眼蛺蝶雌蝶♀展翅（夏型）。
② _ 眼蛺蝶雄蝶♂展翅。冬型的於近翅端呈角狀突尖。
③ _ 琺蛺蝶雄蝶♂（夏型）。
④ _ 琺蛺蝶雄蝶♂吸食花蜜。冬型的翅色由黃橙色轉泛紫的淺黃白色。

第 1 章 認識蝴蝶 | 99

① _ 切翅眉眼蝶雄蝶♂覓食。夏型的翅具有假眼紋。
② _ 切翅眉眼蝶雌蝶♀覓食。冬型時假眼紋明顯消退。
③ _ 淡褐脈粉蝶雌蝶♀吸食馬利筋花蜜（夏型）。
④ _ 淡褐脈粉蝶交配（左♂右♀）。冬型的翅色轉為淺黃白色。
⑤ _ 蘇鐵綺灰蝶雌蝶♀吸食花蜜（夏型）。
⑥ _ 蘇鐵綺灰蝶雄蝶♂。冬型的翅色轉泛灰白色。

第 2 章

蝴蝶生活史

蝴蝶的生活史

　　大自然的舞姬～蝴蝶，是屬於「完全變態類」昆蟲，牠的一生完整的生活史，需經過「卵→幼蟲→蛹→成蟲」四個明顯截然不同的階段歷程，所以稱之為完全變態。蝴蝶的美，無論是牠的鱗片或翩翩飛舞的倩影，給人一種浪漫和想像的空間；也常是古今中外騷人墨客、藝術家吟詠與拍攝的對象。

　　蝴蝶的幼蟲大多為「食植性」，主要以食草的葉片、花苞、花瓣、未熟果或植物的柔軟組織為食；少數灰蝶科的幼蟲為「肉食性」，以蚜蟲、介殼蟲為食，抑或與螞蟻有不同程度之共生關係。而成蝶的主要食物，則以植物的花蜜和水為主，不同的蝶種投其所好，選擇不同植物的花朵為蜜源植物，在訪花的過程中也順其自然，幫助各種植物傳播授粉，是花的重要傳媒紅娘；讓花朵順利完成傳宗接代的使命。（註：「蜜源植物」意指植物的花朵能吸引蟲媒前來採蜜。）

　　再者，有些蝶種並不喜愛吸食花蜜，會選擇腐果汁液、樹液或人、畜、鳥、獸等動物排泄物汁液、小屍體汁液為食。所以，牠們是一群初級消費者，在自然生態體系中，扮演著相當重要的角色，是一群有益的環保昆蟲；更也是其他昆蟲、鳥類、兩棲類主要的食物，維繫著生態系的平衡。試想，如果在世界上少了牠們的生存空間，整個自然生態系將面臨災難，蝶飛蟲鳴、鳥語花香，將不復見，成為絕響！人類也不會因而得利。

黃裳鳳蝶的生活史

卵黃橙色，近球形，徑約 2.3mm。

1 齡幼蟲正在吃卵殼，體長約 5mm。

2 齡幼蟲，體長約 12mm，肉棘紅色。

④_ 3齡幼蟲後期，體長約25 mm。
⑤_ 4齡幼蟲側面，體長約30mm，白色肉棘鮮明。
⑥_ 4齡幼蟲蛻皮成5齡幼蟲，體長約41mm。
⑦_ 5齡幼蟲（終齡），體長70mm。
⑧_ 前蛹。
⑨_ 蛹，長約48mm，寬約25mm（帶蛹）。
⑩_ 剛羽化不久的黃裳鳳蝶雄蝶♂，正在等待翅膀乾硬後才能起飛翱翔。
⑪_ 黃裳鳳蝶交配。

2-1
卵

　　蝴蝶交配時，雄蝶會利用精莢將精子一起傳送到雌蝶的受精囊內暫存，等雌蝶要產卵時才與精子完成受精卵，雌雄蝶交配後會消耗很多體力，雌蝶通常會調養1至2天才開始有產卵行動，但有些雌蝶未交配也會產下未受精卵（俗稱：空包蛋）。

　　卵中央頂端具有一個細小凹洞可讓精子進入，稱為「精孔 micropyle」；此精孔係提供已交尾過的雌蝶，將體內貯精囊的精子傳送至卵內，完成受精程序，也可與外面做氣體交換。蝴蝶精彩的一生便由這一粒不起眼的卵，展開浪漫與驚險之旅～。

產卵習性

　　雌蝶產卵時，會利用腳的觸覺、嗅覺和視覺等感覺器來觸碰偵測幼蟲食草的化學氣味所在。排出卵粒的同時，也會從生殖副腺分泌出黏性液體，將卵固定於食草上或附近物體上，讓卵不致於亂滾動或落地，讓幼蟲孵化出來便有食物可以吃。

綠灰蝶卵，徑約1.2 mm，高0.75mm。

雌蝶產卵時，同時由雌蝶副腺分泌物將卵底部固定在食草上，以防落地。（黃裳鳳蝶卵，徑2.3mm。）

雌蝶一生約可產 200~500 粒卵，產卵的習性有單產、聚產，或將卵 1~10 粒不等散產於葉片、新芽或枝條、樹幹、果實上。每種雌蝶的產卵習性不盡相同，有的偏愛向陽、有的喜愛陰涼。有的喜愛選擇在新芽托葉內來隱藏卵粒，例如：小紫灰蝶（朝倉小灰蝶）。有的更絕妙會上演空投的絕技，例如：臺灣高山特有種永澤蛇眼蝶在產卵時的「落卵 egg-dropping」生態，相當的奇妙有趣（2011，徐）。

　　單產可避免幼蟲競爭食物，也可避免大量被天敵捕食，而聚產若不幸遇到天敵，可能就會全軍覆沒。有些蝶種會以卵越冬，隔年春天食草萌芽時幼蟲再孵化。例如臺灣橙翠灰蝶（寬邊綠小灰蝶）、尖灰蝶（歪紋小灰蝶）、臺灣灑灰蝶（蓬萊鳥小灰蝶）等蝶種為一年一世代蝶種；雌蝶選擇落葉性食樹，將卵產於樹皮、樹幹裂縫或小枝、休眠芽上，然後以卵越冬。

即將孵化的卵，卵頂隱約可見幼蟲頭部

有發育受精的卵為粉紅色

大白斑蝶的卵單產聚集。

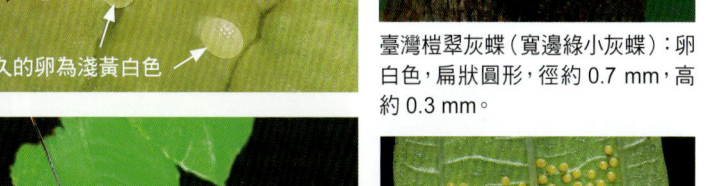

剛產不久的卵為淺黃白色

臺灣橙翠灰蝶（寬邊綠小灰蝶）：卵白色，扁狀圓形，徑約 0.7 mm，高約 0.3 mm。

白圈線蛺蝶（白圈三線蝶）雌蝶♀將卵產於燈稱花的葉表先端。

細蝶：卵 180 粒聚產於糯米糰葉背。

雅波灰蝶（琉璃波紋小灰蝶）產卵過程

在老荊藤、鵲豆、山葛等豆科植物的花苞間隙上，常可瞧見泡沫狀膠質的東西，其實那是雅波灰蝶的卵泡，卵就隱藏在卵泡內。雅波灰蝶的雌蝶很聰明，產完卵後會馬上分泌泡沫狀的膠質保護著卵群，以防螞蟻等天敵捕食。

雅波灰蝶產卵過程，從選定位置到產卵完成，僅使用約 40 秒。

1
雌蝶選擇產卵位置。
2012 年 9 月 3 日上午 07：32：48

2
開始產卵與分泌卵泡。
2012 年 9 月 3 日上午 07：33：10

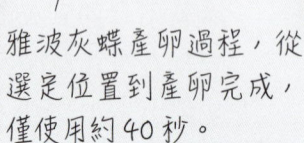

3
持續分泌卵泡。
2012 年 9 月 3 日上午 07：33：14

4
持續分泌卵泡。
2012 年 9 月 3 日上午 07：33：20

5
持續分泌卵泡，卵泡變大。
2012 年 9 月 3 日上午 07：33：24

6
持續分泌卵泡，完成。
2012 年 9 月 3 日上午 07：33：28

7
雅波灰蝶卵泡特寫。

8
將卵泡移除，可見 4 粒淺藍白色之卵粒。

卵的孵化過程

　　卵剛產時，卵殼內只有液體狀物質，需等胚胎發育成熟，成功受精的卵，卵表則會呈現受精斑。胚胎成熟後，卵色會轉為暗沉，隱約可見幼蟲之形體。完全成熟時，幼蟲便會咬破卵殼慢慢鑽出來。卵從受精至孵化成幼蟲的階段，稱為「胚胎期」。蝴蝶的卵，在夏季時通常卵期 3~7 日即會孵化。孵化前，卵殼色澤會轉為近透明至透明，外觀隱約可見幼蟲形體。有些卵很有趣，在產下後的 1~2 日不等，卵色會改變或有受精斑點的呈現。一年一世代的蝶種則會以卵越冬，隔年春天食草萌芽時幼蟲再孵化。

①_ 尖灰蝶（Y 紋灰蝶）剛孵化的 1 齡幼蟲，體長約 1.6mm。
②_ 黑鳳蝶的卵發育後，卵表的受精斑紋漸漸轉為深色，隱約可見卵內幼蟲在蠕動，這表示即將孵化出幼蟲。
③_ 即將孵化的異紋紫斑蝶，卵頂隱約可見幼蟲黑色頭部。
④_ 斯氏紫斑蝶的 1 齡幼蟲孵化失敗，卡在卵殼上。
⑤_ 多姿麝鳳蝶孵化中的 1 齡幼蟲，體長約 4.5mm。

旖斑蝶（琉球青斑蝶）卵的孵化過程

1 即將孵化的卵，卵頂可見黑頭在蠕動。卵高約 1.6 mm，徑約 1.0 mm。

2 剛咬食破卵殼側邊孵化的 1 齡幼蟲。

3 1 齡幼蟲前腳已爬出卵殼。

4 1 齡幼蟲 3 對胸足已全爬出卵殼。

5 1 齡幼蟲蠕動蟲體努力要爬出卵殼。

6 1 齡幼蟲已從卵殼爬出至第 3 腹節。

7 1 齡幼蟲已從卵殼爬出至第 4 腹節。

8 1 齡幼蟲已從卵殼爬出至第 6 腹節。

9 1 齡幼蟲已從卵中完全成功孵化出來。

10 剛孵化的 1 齡幼蟲轉身回頭，開始吃卵殼。

11 剛孵化 1 齡幼蟲，體色白色，正在吃卵殼，體長約 2.8mm。

12 1 齡幼蟲，正在吃卵殼，有吃卵殼或無吃卵殼皆可成長到結蛹。

卵的造型

　　卵表具有一層保護功能之外殼，因蝶種不同，其外觀大小、形狀和紋路、顏色也呈現不同的形態。卵表具有細刺毛、長毛、凹凸刻紋、光滑或橫向、縱向之隆起脈紋。色彩則五顏六色繽紛別緻，值得細細玩味；讓您心悅誠服造物者之鬼斧神工。

　　蝴蝶的卵都很細小，直徑約莫 0.35mm~2.5mm 之間。有些蝶類卵表具有細緻的凹凸刻紋，觀察這些紋路時，需選用高倍放大鏡來觀察。

①_ 紅珠鳳蝶：卵紅橙色，近圓形，單產，卵表分布有小瘤突狀的雌蝶分泌物，徑約 1.3 mm。
②_ 柑橘鳳蝶：卵黃色，圓形，單產，14 粒聚集。
③_ 大波眼蝶：卵白色，圓形，單產或聚產，5 粒聚產。
④_ 白圈線蛺蝶：卵淺綠色，卵圓形，單產。
⑤_ 曲紋黛眼蝶（雌褐蔭蝶）：卵白色，近圓形，高約 1.3 mm，徑約 1.4 mm。
⑥_ 綠島大白斑蝶：卵淺黃色，橢圓形，單產，3 粒排列。

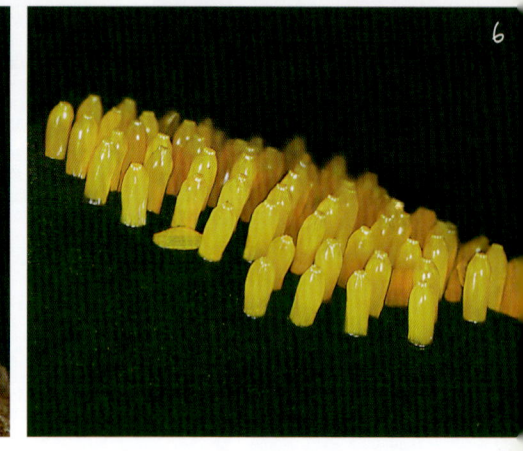

① 金斑蝶：卵淺黃白色，橢圓形，高約 1.2mm，徑約 0.9mm。3 粒產於毛白前幼莖上。
② 波峽蝶（篦麻蝶）：卵綠色，近圓形密生刺毛，單產，10 粒散產於紅篦麻。
③ 黃鉤蛺蝶：卵綠色，聚產於葎草葉片，將卵堆疊的有趣產法。
④ 亮色黃蝶（臺灣黃蝶）：卵白色，長橢圓形，共 75 粒卵聚產於蓮實藤新芽。
⑤ 玳灰蝶：卵淺藍色，單產，人工套網多數聚集龍眼果蒂隙縫。
⑥ 豔粉蝶：卵黃色，橢圓形，89 粒聚產於大葉桑寄生。

①_ 白豔粉蝶：卵淺黃色，橢圓形，卵表有來自雌蝶大量白色副腺分泌物做保護的特殊行為。
②_ 綠灰蝶：卵白色，7粒聚集產於果頂凹洞隱藏。
③_ 豆波灰蝶：卵單產，雌蝶分數次將卵產於曲毛豇豆花苞細縫。
④_ 黑星弄蝶：卵暗紅色，3粒產於蒲葵葉表。
⑤_ 白弄蝶：卵白色，表面覆有雌蝶體上的白色長柔毛做保護。
⑥_ 香蕉弄蝶：卵粉紅色，半圓形，26粒聚產於葉背。
⑦_ 凹翅紫灰蝶：卵白色，單產，4粒聚集，半圓形，高約0.5 mm，徑約0.7 mm，卵表具細刺毛。

2-2
幼蟲

　　剛從卵孵化出來後的幼蟲，稱為「1齡幼蟲或初齡幼蟲」。幼蟲大多數會習慣先吃掉部分或全部自己的卵殼，以馬上獲得卵殼內幾丁質（幾丁質主要成分為蛋白質與醣類）等營養補給，然後再尋找適當的隱密位置來躲藏、造巢或尋可食用的嫩葉處棲息。再者，適合該種蝴蝶幼蟲成長發育所取食的植物，稱為「食草或寄主植物」。

　　蝴蝶幼蟲時期主要的任務便是吃，不斷的吃食物，讓蟲體迅速成長茁壯；以儲存足夠的能量，提供養分給蝶蛹蛻變成蝴蝶。當幼蟲發育到極限時，身體表面之幾丁質成份限制了身體繼續成長時；此時，就必須蛻去舊表皮，換上空間更大的新表皮，才能繼續長大，這樣蛻舊換新之過程稱為「蛻皮」。

　　幼蟲在蛻皮前會吐絲製作絲座，利用足的鉤爪把蟲體緊緊攀附在絲座上，再利用肌肉收縮之力，從頭部漸漸蛻皮至尾端。剛

幼蟲以咀嚼式口器咬破卵殼而鑽出來稱為「孵化」。剛從卵孵化出來後的幼蟲稱為「1齡幼蟲或初齡幼蟲」。圖為臺灣暗弄蝶剛孵化的1齡幼蟲，體長約3mm。

完成蛻皮時，口器與新表皮還未變硬前，是無法馬上咀嚼植物葉片的。所以當蟲蟲每蛻皮一次，在短暫休息片刻後便會轉身，常習慣的把蛻下的皮吃掉，便可獲得這些營養素與避免氣味引來捕食者。

幼蟲在蛻皮前會靜止在絲座上，不進食不走動，時間約莫1~3天；稱之為「眠期」，此時不宜捉拿蟲體離開絲座。如果移動蟲體離開絲座，幼蟲會有蛻皮失敗之危險，抑或幼蟲重新再吐絲製作絲座，體力因而透支導致死亡。幼蟲每蛻皮一次即增長一齡次，經過幾次的蛻皮，直到化蛹前最後一次齡期稱為「終齡」。例如：鳳蝶科、粉蝶科、弄蝶科的幼蟲通常為5齡或有些6~9齡期，灰蝶科通常為4齡或有些5~8齡期。蛺蝶科通常為5齡或有些6~12齡期。而每種蝶類的幼蟲在各齡期階段，牠的外觀大小、顏色或斑紋、棘刺，會因種類而有所不同的形態呈現；可藉此辨識蝶種幼蟲外觀。

幼蟲以食為天，尋找食物主要靠嗅覺和觸覺，來偵測搜尋、感覺食物之所在。食性大多數為「植食性」，以食草的花、葉、未熟果的柔軟組織為食。非食草幼蟲寧可餓死也不會食，其食性是一種相當特化的專一行為，這與食草內所含的特殊化學物質息息相關。再者，僅少數灰蝶科的幼蟲為「肉食性」，以介殼蟲、蚜蟲或螞蟻幼蟲、蛹為食。也有和螞蟻共生關係，蟲體會分泌蜜露來吸引螞蟻吸食，同時受到螞蟻的照顧及保護，來避免天敵的捕食。

幼蟲的身體構造

蝴蝶幼蟲的外觀形態，是由「頭部、胸部、腹部」所組成。胸部具有3體節，腹部具有10體節。大部分的幼蟲外觀為長圓筒形，有些為扁狀橢圓形，例如：灰蝶科的幼蟲。

範例：花鳳蝶幼蟲各部位器官名稱

胸部

由「前胸、中胸、後胸」3 個部分組成，每胸節各具有一對胸足（真足），胸足具 5 關節，足端具有單爪，胸足為「主要行動器官」，待羽化成蝴蝶時，會為真正的足，主要作為固定食物與吐絲時使用，並能協助攀爬、行走。前胸還具有一對氣孔供體內做氣體交換。

腹部與腹足（3~6 節）特寫。

腹部

腹部由 10 個腹節所組成，腹節柔軟可彎曲蠕動。在腹部的第 3 至 6 節和第 10 節（尾足）各具有一對肉質無關節的腹足，底部具有「原足鉤」，上面的鉤子和吸盤可使幼蟲攀爬行走，此為「暫時性行動器官」，待羽化成蝴蝶時便會演變消失，故稱之為「偽足」。在腹部第 1 至 8 腹節的體側，各具有一對氣孔調節呼吸，顏色、大小則會因蝶種而異。

腹足特寫，足端具有原足鉤。

胸足的鉤爪特寫。

氣孔特寫。

腹部 10 體節

❾ + ❿ 腹節
肛門
氣孔
腹足

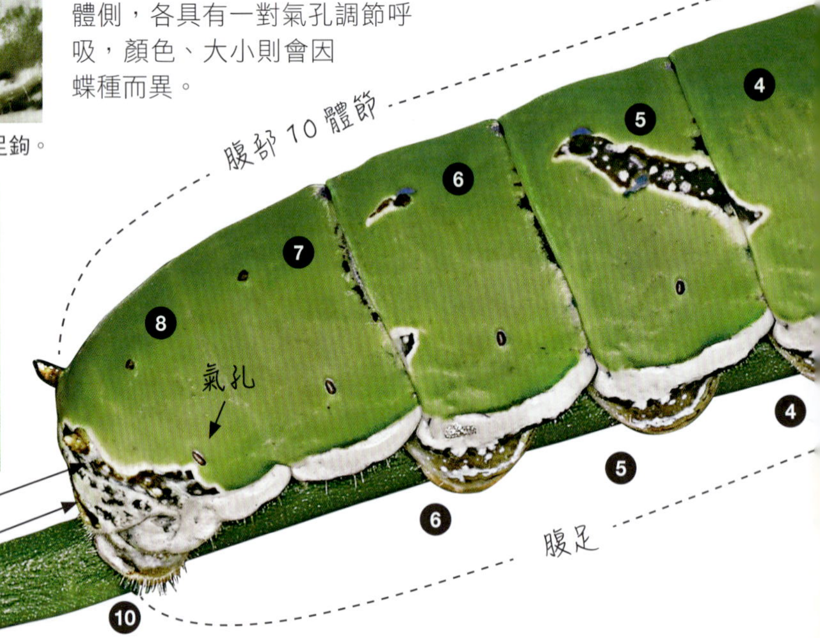

花鳳蝶（無尾鳳蝶）終齡幼蟲

頭部

頭部略硬質，近球形，可自由任意轉動，有些蝶種的頭頂具一對角狀、毛刷狀、錐狀、棘刺狀等突起。中央具有前頭（前額）和兩側之頭頂板，下方具有口器、短觸角、側單眼。而鳳蝶科幼蟲在頭部與前胸背板前緣具有一嫌忌腺，可伸出 2 叉狀之「臭角」，會分泌刺鼻的化學氣味來避敵。

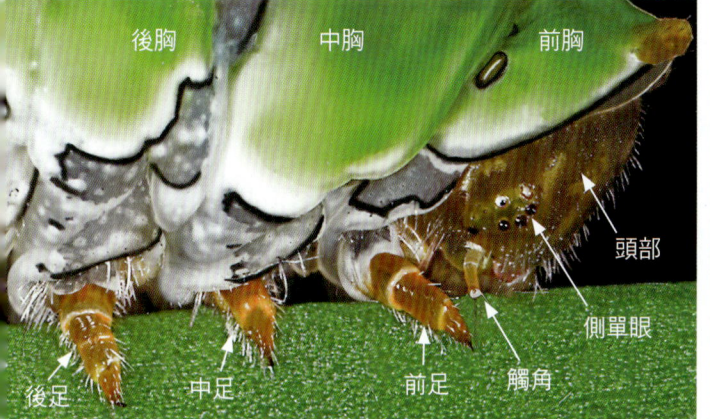

胸部特寫。

後胸　中胸　前胸
頭部
側單眼
後足　中足　前足　觸角

胸部圖騰。

胸部圖騰
假眼紋
頭部

後胸
中胸
前胸
① ② ③
氣孔
後足　中足　前足　頭部

胸足特寫。

胸足

頭部特寫。

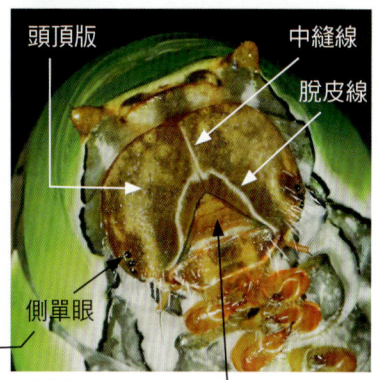

頭頂版　中縫線
脫皮線
側單眼
前額（前頭）

側單眼：幼蟲無複眼，僅有細小單眼來感光，每一個細小單眼具有角膜與感光區。單眼4~6對，位在頭頂板兩側下方，無法聚焦視覺不佳，主要辨識光之明暗度。

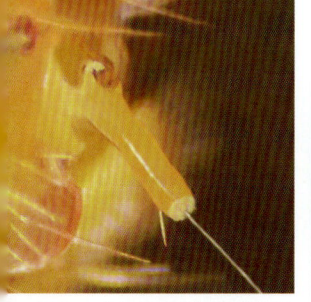

觸角：主要作用為嗅覺和觸覺功能，用來偵測搜尋、感覺食物之所在。

嫌忌腺特寫：臭角由此伸出。

口器：幼蟲的口器為特化的咀嚼式口器。主要具有一對大顎、小顎和上唇、下唇等構造所組成。大顎用於咀嚼植物葉片，再用小顎進食。

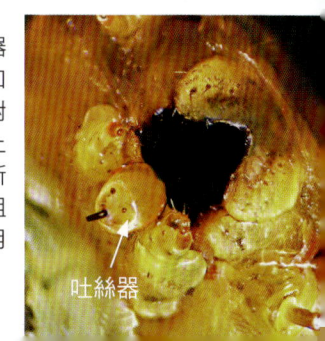

吐絲器

幼蟲期

　　幼蟲期指的是完全變態有蛹期的昆蟲，從蝶卵內孵化出來的小生物。幼蟲的口器是咀嚼式，可食植物的葉片；成蝶的口器是虹吸式，可吸食花蜜與流質食物，有翅膀與生殖系統。因此幼蟲和成蝶外觀兩者迥然不同。

① 大鳳蝶 1 齡幼蟲背面，體長 5mm。
② 黑鳳蝶 2 齡幼蟲，體長約 7 與 10mm 棲息於柚葉葉表。
③ 黑鳳蝶 3 齡幼蟲，體長約 16mm 吃金橘。
④ 多姿麝鳳蝶（大紅紋鳳蝶）4 齡幼蟲，體長約 21mm。
⑤ 殘眉線蛺蝶 5 齡幼蟲（終齡），體長約 27 mm。

幼蟲常見的生活習性

第1餐與生態行為

　　剛孵化的幼蟲稱為1齡幼蟲，卵殼內含有幾丁質等營養素，第1餐大多數會習慣先吃掉部分或全部自己的卵殼，以馬上獲得營養補給。甚至有的幼蟲意猶未盡也會吃掉身旁同伴的卵粒或咬壞卵粒的行為，有吃或沒吃卵殼皆不影響成長至結蛹，然後再尋找適當的隱密位置來躲藏或去找可食用的嫩葉處棲息。

① _ 曙鳳蝶剛孵化的1齡幼蟲正在吃卵殼，體長約5.5mm。
② _ 無尾白紋鳳蝶的卵與1齡幼蟲3.5mm。
③ _ 異紋紫斑蝶剛孵化的1齡幼蟲，體長約3.2mm，正在吃卵殼。
④ _ 大白斑蝶剛孵出的1齡幼蟲，體長4.5mm，沒吃自己卵殼，而是將旁邊的鮮卵吃掉。
⑤ _ 大白斑蝶：左邊的鮮卵被吃掉一半就棄置。
⑥ _ 大白斑蝶的卵和剛孵化的1齡幼蟲。在卵群中相遇打架互咬，這是很常見相互排斥行為。

第2章 蝴蝶生活史 ｜ 117

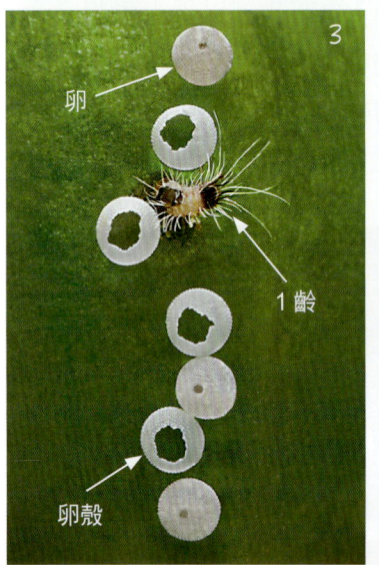

①_ 眉眼蝶即將孵化的卵已見黑頭與剛孵化的 1 齡幼蟲，體長 3mm。
②_ 淡紋青斑蝶剛孵化 1 齡幼蟲吃完自己卵殼，順而吃掉同伴的卵粒，體長約 2.5mm。
③_ 綠灰蝶剛孵化的 1 齡幼蟲，生性畏光，正咬食果表欲鑽入果內躲藏。
④_ 熱帶橙斑弄蝶剛孵化的 1 齡幼蟲，體長約 2.7mm，吃同伴卵殼的怪異行為。
⑤_ 香蕉弄蝶卵群與 1 齡幼蟲吃卵殼，體長 4.8mm。
⑥_ 玳灰蝶（龍眼灰蝶）的淺藍色卵與剛孵化的 1 齡幼蟲，體長約 3mm。幼蟲會在果表遊走，尋找合適的位置鑽食入龍眼內躲藏。
⑦_ 紅珠鳳蝶剛孵化的 1 齡幼蟲吃了卵殼後，還有咬食同伴卵表瘤狀突的行為。

幼蟲蛻皮變身與絲座的秘密

　　蝶蟲脫皮前會分泌蛻皮素以利蛻皮，因此幼蟲為了能使腳可穩固在樹枝、葉片上行走和蛻皮，會在棲息處吐絲製作一片絲墊，再以胸足、腹足上的小鉤，緊緊鉤住絲墊，以防失足落地；此墊稱為絲座（蟲座）。所以，當您在抓取蟲蟲時，要注意蟲蟲的腳是否完全的放鬆離開絲座，否則蟲蟲寧可被撕裂傷，也不放足。

　　當幼蟲發育到極限時，身體表面之幾丁質成份限制了身體繼續成長時；幼蟲就必須蛻去舊表皮換上空間更大的新表皮，才能繼續長大，這樣蛻舊換新之過程稱為「蛻皮」。再者，幾丁質主要成分為蛋白質與醣類，當蟲蟲每蛻皮一次，常會習慣的把皮吃掉，便可獲得這些營養素和避免留下氣味引來天敵捕食。

　　幼蟲飼養環境的溫度、濕度高低，對幼蟲的蛻皮是有影響的。如果幼蟲的蛻皮環境，濕度過低或溫度過高，常會造成蛻皮失敗。幼蟲的蛻皮行為是藉由體內蛻皮激素控制著作用，再加上環境因子的好與壞，影響著蛻皮的成功與否，蛻皮不成功便會死亡。

① 花鳳蝶（無尾鳳蝶）5齡幼蟲胸部被舊表皮卡住命懸一線，以致發育受限制。所幸早發現用夾子慢慢移除解救。
② 大白斑蝶2齡蛻皮3齡時，不慎頭殼卡住，利用摩擦葉片中肋，將頭殼拋開。
③ 大鳳蝶4齡幼蟲蛻皮成5齡時，體長約36mm。
④ 大鳳蝶4齡幼蟲蛻皮成5齡後，正咬食蛻下的舊表皮特寫。

① 紫俳線蛺蝶 4 齡幼蟲蛻皮成 5 齡後，正咬食蛻下的舊表皮。
② 殘眉線蛺蝶 4 齡蛻皮成 5 齡幼蟲，體長約 17mm。
③ 黃裳鳳蝶 4 齡幼蟲蛻皮成 5 齡後，正咬食蛻下的舊表皮。
④ 白蛺蝶 4 齡幼蟲蛻皮成 5 齡時體長約 24mm，頭寬約 2.6mm。
⑤ 斯氏紫斑蝶 4 齡幼蟲蛻皮成 5 齡時，體長約 25 mm。
⑥ 瑙蛺蝶（雄紅三線蝶）5 齡蛻皮 6 齡幼蟲時體長約 14mm。
⑦ 暮眼蝶（樹蔭蝶）4 齡蛻皮成 5 齡幼蟲，轉身欲食舊表皮。
⑧ 靛色琉灰蝶 3 齡蛻皮成 4 齡幼蟲時體長約 6.5mm，正在咬食舊表皮。
⑨ 臺灣黯弄蝶 1 齡幼蟲蛻皮成 2 齡。會造巢之幼蟲皆在巢內進行蛻皮避敵。
⑩ 鈿灰蝶 3 齡幼蟲蛻皮成 4 齡，體長約 15 mm，幼蟲會習慣的將蛻下的皮吃掉。

眠期

幼蟲在蛻皮前會靜止在絲座上，不進食不走動，時間約莫 1~3 天，稱為「眠期」。幼蟲在進入眠期時，前胸的色澤會略為轉變且膨脹，新頭部發育中，此時嚴禁抓取移動，才不會蛻皮失敗。

① 白裳貓蛺蝶 4 眠幼蟲，可見新頭部已發育形成。
② 黑星弄蝶 4 眠幼蟲背面，可見淺黃色的新頭部已發育形成，頭寬約 2mm。
③ 黑星弄蝶 4 眠幼蟲側面，前胸端的色澤已轉白且膨脹發育出新頭部。
④ 黑星弄蝶 4 齡幼蟲蛻皮成 5 齡時，頭寬約 2.9mm。
⑤ 鐵色絨弄蝶 4 眠幼蟲，頭胸部側面特寫，頭寬約 3.1mm。
⑥ 鐵色絨弄蝶 4 齡幼蟲蛻皮成 5 齡時，舊頭殼黑色寬 2.9mm，新頭部淺紅色寬 4.7mm。
⑦ 異紋帶蛺蝶 3 眠幼蟲時體長約 11mm，棲息隱身在水金京葉片蟲座上等待蛻皮。

黑鳳蝶蛻皮過程

4齡幼蟲蛻皮成5齡之過程，共花費4分鐘。

①_ 4齡幼蟲要蛻皮成5齡時，停止進食約近2天，眠期時蟲體色澤漸漸轉淡，隱約可見5齡形體。
上午 10:15:26

在穩固的絲座上開始蠕動蟲體，即將開始蛻皮。
上午 10:17:50

蛻皮時，頭殼先脫離。上午 10:18:14

蠕動蟲體，開始蛻皮。上午 10:18:22

蠕動蟲體，蛻皮至胸部，已見假眼紋。
上午 10:18:58

蠕動蟲體，蛻皮至第1腹節。上午 10:19:24

蠕動蟲體，蛻皮至第2腹節。上午 10:19:34

8

蠕動蟲體，蛻皮至第 4 腹節。上午 10:19:58

9

蠕動蟲體，蛻皮至第 5 腹節。上午 10:20:10

10

蠕動蟲體，蛻皮至第 7 腹節。上午 10:20:24

11

蠕動蟲體，蛻皮至第 9 腹節。上午 10:21:06

12

蠕動蟲體，蛻皮完成。上午 10:21:10

13

舊表皮

舊頭殼

最後僅剩舊頭殼。上午 10:23:10

⑭ 將舊頭殼，用力甩開。上午 10:30:08

⑮ 休息 50~60 分鐘，轉身吃掉蛻下的舊表皮，以補充養分和避免天敵因舊表皮氣味遺留在葉片發現牠的蹤影。上午 11:29:42

15

咀嚼式口器：進食利器

　　幼蟲口器為特化的咀嚼式口器，肚子餓了便用大顎快速地咀嚼植物葉片再進食。斑蝶類的幼蟲主要以夾竹桃科、蘿藦科等有毒植物葉片為食，而這些植物皆具有透明汁液或白色乳汁液。小幼蟲在進食時，會用口器啃食成一小圓圈，讓汁液流出再進食。而有些灰蝶科的幼蟲，以植物的花、花苞、未熟果等柔軟組織為食；所以要尋找牠們時，便要觀察花苞或果表上有無蛀孔或糞便，便可發現牠們的蹤跡。

① 紅斑脈蛺蝶 5 齡幼蟲頭部口器特寫。幼蟲口器為特化的咀嚼式口器，肚子餓了便用大顎快速地咀嚼植物葉片再進食。
② 圓翅絨弄蝶 5 齡幼蟲，頭寬約 3.5mm 正在咬食葉片。
③ 網絲蛺蝶 5 齡幼蟲正在咬食葉片，頭頂具有一對約長 7mm 的彎形犄角。
④ 金斑蝶 5 齡幼蟲正在進食，幼蟲以咀嚼式口器啃食植物葉片，3 對胸足的主要作用為固定食物來進食與吐絲時使用，以及協助攀爬、行走。
⑤ 斯氏紫斑蝶 5 齡幼蟲正在咬食羊角藤嫩莖特寫。
⑥ 玳灰蝶（龍眼灰蝶）4 齡幼蟲躲在龍眼果實內，食用果肉與種子。

小幼蟲的咬食行為

　　斑蝶類的幼蟲主要以夾竹桃科、蘿藦亞科等有毒植物的葉片為食，而這些植物通常葉厚多汁，皆具有透明汁液或白色乳汁液。幼蟲在進食時，會用口器咬食成一不規則小圓圈，讓汁液流出再進食，咬出流出的汁液有些似白色泡沫一團一團的，或者有些蝶種因食草的葉片較厚，會有僅咬食葉肉剩葉薄膜的行為，此舉有別於僅食嫩芽、嫩葉的小幼蟲。再者，有些蝶種的幼蟲會把葉片絨毛、糞便黏在體表作偽裝，相當有趣！

①_ 淡紋青斑蝶1齡幼蟲，體長約3.5mm，幼蟲會在厚葉上咬食葉肉成圓形。
②_ 紫日灰蝶4齡幼蟲（終齡），體長約12mm，咬食火炭母草葉肉，只剩葉薄膜。
③_ 綠島大白斑蝶1齡幼蟲，體長約5.5mm，將葉片咬食成環狀，使多餘汁液流出再進食葉肉。
④_ 綠島大白斑蝶1齡幼蟲，咬後流出的汁液似白色泡沫一團一團的。
⑤_ 虎斑蝶（黑脈樺斑蝶）1齡幼蟲，體長約3mm，正咬食臺灣牛皮消葉片。
⑥_ 金斑蝶（樺斑蝶）1齡幼蟲，體長約3.5mm，正咬食馬利筋葉片。
⑦_ 琉璃蛺蝶1齡幼蟲，體長約4mm，咬食菝葜葉肉，只剩葉薄膜的行為。
⑧_ 朗灰蝶（白小灰蝶）3齡幼蟲，體長約6mm，會將葉片絨毛沾黏在體表作偽裝，像是穿毛衣的蟲蟲。
⑨_ 雌擬幻蛺蝶1齡幼蟲，體長約3.2 mm，咬食小花寬葉馬偕花葉肉，只剩葉薄膜。

僅吃花、花苞、未熟果的幼蟲

　　有些灰蝶科的幼蟲以植物的花、花苞、未熟果等柔軟組織為食；所以要尋找牠們時，觀察花苞或果表上有無蛀孔或糞便，便可發現牠們的蹤跡。

① 豆波灰蝶 4 齡幼蟲，體長約 12mm，正在鑽食鵲豆未熟果欲進入躲藏。
② 豆波灰蝶 4 齡幼蟲，正咬食鵲豆花苞欲進入躲藏。
③ 青珈波灰蝶 4 齡幼蟲，體長約 12mm，咬食山葛花苞做隱藏。
④ 細灰蝶（角紋小灰蝶）4 齡幼蟲（褐色型），體長約 8mm，咬食烏面馬花苞做隱藏。
⑤ 淡青雅波灰蝶（白波紋小灰蝶）3 齡幼蟲，體長約 9 mm，正咬食月桃花苞欲進入躲藏。
⑥ 迷你藍灰蝶 4 齡幼蟲，體長約 7mm，正咬食蘆利草未熟果欲進入躲藏。
⑦ 黑星灰蝶 4 齡幼蟲（終齡），體長約 10mm，體色融入野桐花序中咬食花苞。

與眾不同的肉食性蝶蟲

臺灣有幾種灰蝶幼蟲是少見的肉食性，例如蚜灰蝶吃扁蚜科的「竹葉扁蚜」、「竹莖扁蚜」。熙灰蝶、三尾灰蝶以介殼蟲科的「蟻臺硬介殼蟲」、「扁堅介殼蟲」、「工脊硬介殼蟲」，粉介殼蟲科的「鳳梨嫡粉介殼蟲」、「美地綿粉介殼蟲」、「野桐蟻粉介殼蟲」、「桔臀紋粉介殼蟲」、「臀紋粉介殼蟲」、「太平洋臀紋粉介殼蟲」和膠介殼蟲科的「紫膠介殼蟲」為食。這妙不可言的生態奇觀，值得親歷細細琢磨其境。

熙灰蝶雄蝶♂。

① 蚜灰蝶交配（左♂右♀）。
② 蚜灰蝶4齡幼蟲，體長約8mm，正在咬食竹葉扁蚜。
③ 蚜灰蝶4齡幼蟲化蛹前由綠轉為白色。
④ 埃及吹綿介殼蟲。
⑤ 工脊硬介殼蟲，體長3mm，背脊突起可見「工」字形圖騰。
⑥ 竹葉扁蚜行孤雌生殖。

蟲蟲排便超有趣

幼蟲時期主要的任務便是不斷的吃,讓蟲體迅速成長茁壯,吃飽喝足了就必須排便。以下為玉帶鳳蝶 5 齡幼蟲有趣的排便連續動作。

(左圖)有些幼蟲則會用糞便黏在體表作偽裝。圖為臺灣翠蛺蝶 1 齡幼蟲,體長約 4mm,在粗糠柴葉背將糞便沾黏在蟲體做偽裝。

1 剛排出糞便。

2 利用肛門肌肉用力排出糞便。

3 肛門 6 塊肌肉用力彈掉糞便。

4 肛門肌肉內縮。

5 肛門肌肉縮回蟲體。

穹翠鳳蝶(臺灣烏鴉鳳蝶)排便

糞便卡在肛門,會用口器咬開。

① 2 齡幼蟲,體長 11 mm。將尾端高舉排出糞便。
② 排出的糞便過濕而粘在肛門。
③ 幼蟲轉頭將糞便咬開丟棄的生態行為。

幼蟲的吐絲、絲座（絲墊）與逃生

　　蝴蝶的警覺性是很高的，當感覺到棲息環境有異時，第一反應便是逃離現場，以降低被天敵捕食的機會；這就是所謂的 36 計走為上策。然則，有些蝶蟲也會直接逃離食草現場，例如：琉蛺蝶（紅擬豹斑蝶）、黃襟蛺蝶（臺灣黃斑蛺蝶）、粉蝶類、斑蝶類、灰蝶類等幼蟲，便有這種特異生態行為。有此技能當然必須在枝葉上吐上一層厚絲座，再利用胸腹足上眾多小足鉤來穩固蟲體，以防落地後就回不來了的窘境。幼蟲吐絲時頭部會像似 ∞ 型搖頭晃動，吐絲的絲線成分為液狀絲蛋白，一遇到空氣就硬化成絲線，使蟲蟲可以在食草上穩健攀爬、行走或逃脫、蛻皮。

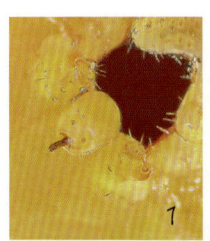

① _ 花鳳蝶（無尾鳳蝶）的吐絲器特寫。
② _ 花鳳蝶（無尾鳳蝶）的腹足原足鉤特寫。
③ _ 黃裳鳳蝶 5 齡幼蟲，利用足上鉤爪固定在枝條上以防落地。
④ _ 黃裳鳳蝶 5 齡幼蟲鉤爪特寫。
⑤ _ 有穩固的絲座，才能順利蛻皮成功。

波灰蝶 4 齡幼蟲受驚吐絲垂降過程

1. 4 齡幼蟲，體長約 7mm，受驚時立即吐絲垂降。
2. 4 齡幼蟲感覺安全後，將絲回收吃掉。
3. 4 齡幼蟲吃完絲，蠕動腹節回到原棲息處的絲座上。

①_ 細帶環蛺蝶5齡幼蟲，體長約24mm，正吐絲固定絲座。
②_ 金環蛺蝶5齡幼蟲正在枝條上吐絲製作絲座，以防落地。
③_ 尖粉蝶的5齡幼蟲。幼蟲受到驚擾時會吐絲迅速垂降，宛若毛毛蟲垂懸在半空中擺盪，落地時有時會像蚯蚓般翻轉跳動，模樣相當有趣。
④_ 大白斑蝶2隻1齡幼蟲，體長約6mm。受驚擾時雙雙吐絲垂降，可見蟲絲可承受蟲體數倍重量。
⑤_ 綠島大白斑蝶1齡幼蟲垂降逃生，體長約6mm。
⑥_ 綠島大白斑蝶1齡幼蟲將絲回收吃掉，往上蠕動回至棲息點絲座上。
⑦_ 尖翅絨弄蝶（沖繩絨毛弄蝶）5齡幼蟲，正吐絲在葉片製作絲座。

恐怖外觀嚇退天敵

每種蝶類的幼蟲在各齡期階段的外觀大小、顏色或斑紋、棘刺,會因種類而有所不同的形態呈現,可藉此辨識蝶種。蝴蝶幼蟲的外觀,有的具有棘刺、肉質突起或長柔毛、似蛇狀,其貌不揚面目可憎。然而,大多數的幼蟲並不會對人體皮膚產生過敏,只有極少數人會有過敏反應。

①_ 白圈線蛺蝶 5 齡幼蟲,體長 22mm,體表密生棘刺似刺蛾幼蟲。
②_ 玄珠帶蛺蝶 5 齡幼蟲後期,體長 37mm,體表密生棘刺容貌醜陋。
③_ 閃電蝶 5 齡幼蟲,體長約 35mm,像似青面獠牙的綠蜈蚣,令人厭憎。
④_ 臺灣翠蛺蝶 7 齡幼蟲,體長 43mm,各節具有羽狀刺毛,讓人驚愕失色。

叢狀棘刺

① 枯葉蝶 5 齡幼蟲，體長約 27mm，外觀猙獰，體表密生尖銳棘刺足以傷人。
② 琉璃蛺蝶 5 齡幼蟲，體長約 44mm，體表密生棘刺。
③ 紫俳線蛺蝶 5 齡幼蟲頭胸部特寫。第 2 腹節有 2 枚長 12mm 叢狀棘刺，面目猙獰。
④ 琺蛺蝶（紅擬豹斑蝶）5 齡幼蟲，體長約 25mm，體表密生棘刺其貌不揚。
⑤ 麝鳳蝶 5 齡幼蟲，體長約 46 mm，體表密生肉質突起，容貌不雅。

大頭照

① 橙端粉蝶 5 齡幼蟲，體長約 58mm，外觀似蛇。乍見巧遇，悚動之心紛至沓來。
② 白紋鳳蝶 5 齡幼蟲特寫。
③ 玉帶鳳蝶 5 齡幼蟲特寫。
④ 翠鳳蝶（烏鴉鳳蝶）5 齡幼蟲特寫。
⑤ 黑鳳蝶 5 齡幼蟲特寫。

第 2 章 蝴蝶生活史 | 133

幼蟲的大頭照

穹翠鳳蝶 5 齡幼蟲。

多姿麝鳳蝶 5 齡幼蟲。

黃裳鳳蝶 5 齡幼蟲。

藍紋鋸眼蝶 5 齡幼蟲。

絹蛺蝶（黃頸蛺蝶）5 齡幼蟲。

黃襟蛺蝶 5 齡幼蟲。

暮眼蝶（樹蔭蝶）5 齡幼蟲。

異紋帶蛺蝶 5 齡幼蟲。

方環蝶 5 齡幼蟲。

紅斑脈蛺蝶 5 齡幼蟲。	 臺灣斑眼蝶 6 齡幼蟲。	 臺灣黛眼蝶 6 齡幼蟲。	 金鎧蛺蝶 5 齡幼蟲。
 絹斑蝶（姬小紋青斑蝶）5 齡幼蟲。	 異紋紫斑蝶 5 齡幼蟲。	 金斑蝶（樺斑蝶）5 齡幼蟲。	
 斯氏紫斑蝶 5 齡幼蟲。	 橙端粉蝶 5 齡幼蟲。	 橙翅傘弄蝶 5 齡幼蟲。	
 袖弄蝶（黑弄蝶）5 齡幼蟲。	 褐翅綠弄蝶 5 齡幼蟲。	 鐵色絨弄蝶 5 齡幼蟲。	

禦敵吐避忌汁液

　　當遇天敵過度騷擾時，蝴蝶幼蟲有種另類的防禦方式，便是從口器吐出腸道內的避忌汁液配合著驅敵。不過這方式過度頻繁分泌汁液，易導致幼蟲食慾不振、精盡蟲亡或最後化蛹失敗、羽化不全而殀。

① 花鳳蝶（無尾鳳蝶）5齡幼蟲特寫，伸出臭角同時也吐出避忌汁液。
② 花鳳蝶5齡幼蟲吐完汁液，顯得疲憊不堪，欲振乏力。
③ 花鳳蝶5齡幼蟲，黃褐色型，體長約28mm，棲息於柚葉。尾端受騷擾時向後伸出臭角，同時吐出避忌汁液與化學氣味。
④ 瑙蛺蝶5齡幼蟲，體長約15mm。受驚擾時吐出腸道內的避忌深綠色汁液驅敵。
⑤ 白點褐蜆蝶3齡幼蟲，體長約7mm。受驚擾時吐出綠汁液，隔不久即回收下肚。

幼蟲群聚性

　　臺灣的蝶類中有一群蝶種是卵聚產性，孵化後的小幼蟲會群聚或3齡後三五成群分居而棲。幼蟲群聚某種程度可威嚇避敵害，欺矇捕食者使其增加生存機會，然而一旦被天敵識破，便可能全軍覆沒。

黃星斑鳳蝶1齡幼蟲，體長約5mm，生理週期相近，集體群聚進入眠期。

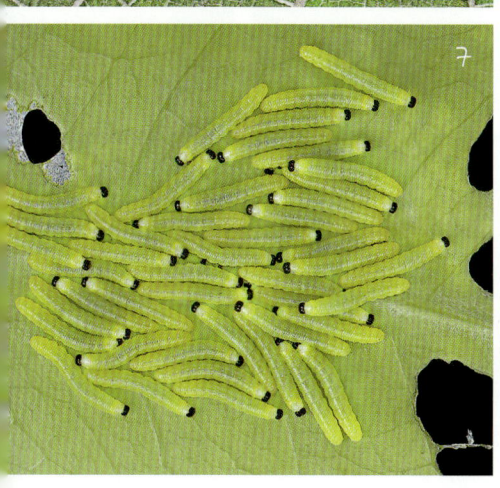

① _ 麝鳳蝶 1 齡幼蟲，體長約 6 mm，集體於柔毛馬兜鈴葉背棲息。
② _ 臺灣翠蛺蝶 2 齡幼蟲，體長約 8mm，集體於青剛櫟葉片棲息。
③ _ 褐翅蔭眼蝶 1 齡，體長約 3 與 4mm，集體於桂竹葉片棲息。
④ _ 瑙蛺蝶（雄紅三線蝶）2 齡幼蟲，體長 4.5mm，集體於秀柱花葉片棲息。
⑤ _ 細蝶（苧麻蝶）2 齡幼蟲，體長約 6.5mm，集體於青苧麻葉背棲息。
⑥ _ 白豔粉蝶剛孵化的 1 齡幼蟲，體長約 2.7mm，集體於大葉桑寄生葉背棲息。
⑦ _ 亮色黃蝶（臺灣黃蝶）幼蟲的生理時鐘相近，集體進入 3 眠，準備蛻皮成 4 齡，體長約 9mm。
⑧ _ 豔粉蝶 5 齡幼蟲，體長約 32mm，集體於埔姜桑寄生枝葉棲息。

互利共生以避敵害

　　灰蝶科幼蟲是蝴蝶家族中體型最小者，體長約莫 8~22mm，對鳥類而言無法填飽肚子，卻是其他小型捕食者的最愛。小灰蝶為避免被小型天敵捕食，有些蝶種演化出與螞蟻不同程度之互利共生關係。灰蝶科幼蟲的腹背尾端具有「喜蟻器」這種特殊器官構造（喜蟻器第 7 腹節有蜜腺，第 8 腹節有觸手器），喜蟻器約莫 3~4 齡期發育成熟，會分泌蜜露吸引螞蟻前來吸食，同時受到螞蟻的照顧及保護，避免天敵的捕食。

① _ 黑星灰蝶 4 齡幼蟲，螞蟻在覓食時也會用觸角敲碰幼蟲蟲體，使其分泌更多蜜露供食，幼蟲受擾時則伸出觸手器威嚇。
② _ 黑星灰蝶 4 齡幼蟲，體長約 8mm，與螞蟻互利共生，從蝶蟲的喜蟻器吸食蜜露，幼蟲也受螞蟻的保護。
③ _ 疣胸琉璃蟻在黑星灰蝶的蛹尋覓蛹表的少量蜜汁。
④ _ 淡青雅波灰蝶（白波紋小灰蝶）4 齡幼蟲（終齡），體長約 13 mm，螞蟻正在蟲體敲擊喜蟻器分泌蜜露供食，而非攻擊。
⑤ _ 凹翅紫灰蝶的蛹，吸引了 2 隻螞蟻來找尋食物。
⑥ _ 螞蟻正在吸食迷你藍灰蝶（迷你小灰蝶）3 齡幼蟲身體所分泌出的蜜露。

銀灰蝶 4 齡幼蟲，綠色型，喜蟻器被驚擾時會伸出似煙火狀的毛束來威嚇。

喜蟻器特寫

銀灰蝶化蛹後第 8 腹節的喜蟻器，轉為白色斑紋痕跡。

銀灰蝶 4 齡幼蟲，紅色型，第 8 腹節具有 1 對圓錐狀喜蟻器，被驚擾時會伸出似煙火狀的毛束來威嚇。

喜蟻器似煙囪會噴火花，是灰蝶類中相當特別的構造與行為。

靛色琉灰蝶 4 齡幼蟲，體長 12mm。

大娜波灰蝶（埔里波紋小灰蝶）4 齡幼蟲伸出白色觸手器，體長約 13mm。

會變色的蟲蟲「雙色帶蛺蝶」

有些蝶種的生活史很奇妙，同一隻幼蟲在短暫的終齡時期，會有初、中、後期的體色變化，變幻莫測的體色外觀差異大相逕庭，讓您難以相信是同一隻蟲，故而常被誤認蝶種。以下來探索雙色帶蛺蝶幼蟲的體色變化。

1 4齡幼蟲，體長約14mm，體色腹背綠色。

2 4齡幼蟲蛻皮成5齡時體長約19mm，體色淺紅褐色。

3 剛蛻皮不久的5齡初期，體長約19mm，體色淺綠褐色。

4 蛻皮後第6天的5齡幼蟲中期，體長約33mm，體色綠色。

5 蛻皮後第10天的5齡幼蟲後期黃色，體長約38mm，體色黃中帶藍色。

6 即將前蛹後期幼蟲由黃轉米黃色，體長縮至32mm。

2-3 蛹

　　終齡幼蟲到了成熟階段,體色會有些轉變,並停止進食,開始尋找安全隱蔽之處準備化蛹。臺灣蝶類化蛹的形態目前記錄有 3 種:

1. 帶蛹:用絲線環繞於腹節之間,例如鳳蝶科、灰蝶科、弄蝶科和粉蝶科。
2. 垂蛹:蟲體倒懸於絲座,外觀像似傾斜的英文字母「J」的蛺蝶科。
3. 僅以尾端粗大發達的垂懸器固定於枝條上,例如「小鑽灰蝶」。

前蛹

　　前蛹意指成熟幼蟲選定化蛹位置直至蛻皮成蛹之前的步驟。幼蟲準備化蛹時會先吐絲製作穩固絲座,淨空消化道內多餘的排泄物,此時外觀會明顯縮小。然後再用絲線將蟲體固定在附著物上。臺灣蝴蝶化蛹並不會像蛾類用結繭方式,在前蛹時蟲體若沒有絲座固定更無法順利蛻皮成蛹。前蛹經過約莫 1~3 天的體內轉變(越冬型更長),再蛻皮成蛹。

金鎧蛺蝶的成熟幼蟲選定化蛹位置,吐一片白色絲墊來前蛹。

金鎧蛺蝶為蛺蝶科,但其蛹胸部無絲帶環繞也不垂懸,幾乎平行狀結蛹。

黑鳳蝶：前蛹時蟲體不會移動，但遇到螞蟻、寄生蜂等天敵騷擾時還是會伸出臭角來驅敵。

銀灰蝶：前蛹時體長縮至 14mm，如遇驚擾也會伸出觸手器威嚇。

黃裳鳳蝶（帶蛹）製作絲帶的過程

1 在枝條上前後上下反覆吐絲製作絲座。

2 選定好位置重複環狀吐細絲。

3 重複的環狀吐細絲數十次，將細絲製作成粗絲線。

4 即將完成可載重蟲體的環狀絲帶。

5 翻轉蟲體鑽入環型絲帶內。

6 蠕動蟲體將絲帶移至 2~3 腹節間前蛹。

蛹的構造

垂懸器

終齡幼蟲在化蛹前，會在物體上吐一層厚絲稱為「絲座」。而蛹體的尾端密生黑色細小鉤子，藉此小鉤子與絲座緊密結合，來固定蛹體的器官稱為「垂懸器」。不同蝶類垂懸器的小鉤子數目皆不盡相同，每一垂懸器上約莫130~200根細小鉤子。

淡紋青斑蝶為蛺蝶科，前蛹時僅以垂懸器倒懸。

垂懸器特寫

垂蛹示意圖：淡紋青斑蝶

垂懸器與絲座特寫

枯葉蝶的垂蛹（側面和腹面）。

① 玉帶鳳蝶垂懸器上的細小鉤子約168根。
② 大鳳蝶垂懸器上的細小鉤子約191根。
③ 黑鳳蝶垂懸器上的細小鉤子約200根。
④ 黃裳鳳蝶垂懸器上的細小鉤子約190根。

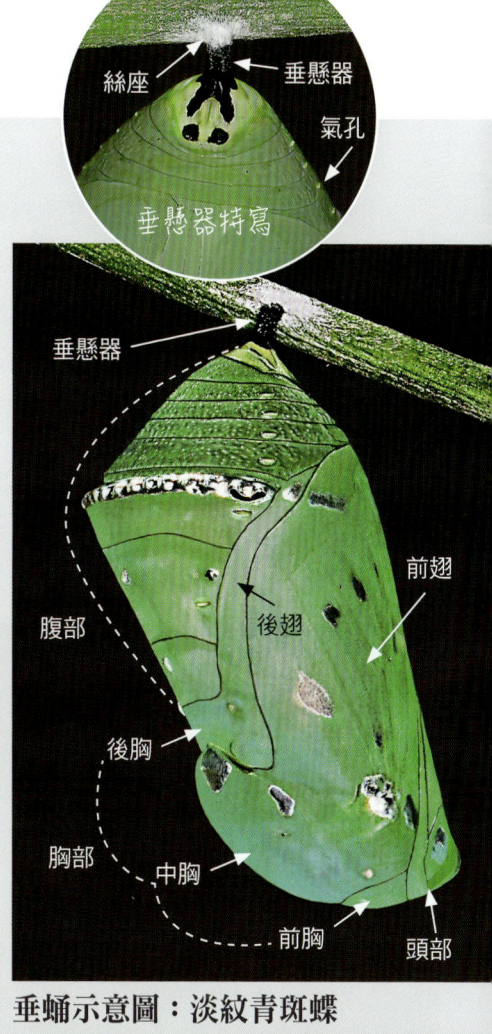

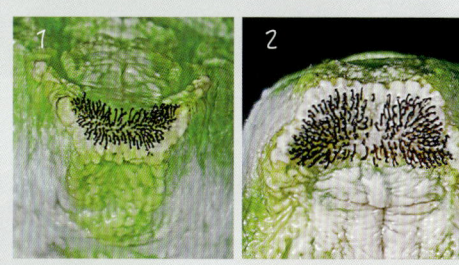

剛蛻完皮的蛹體呈現柔軟狀態，此時是關鍵性階段，很容易因外力因素或天敵騷擾，導致蛹體受損而化蛹失敗或死亡。蛹體經片刻休息逐漸由軟轉硬和具有保護色。蛹期並不進食，外觀似休眠狀態，但蛹體內正進行細胞分解，轉而成蝶生長之細胞養分來演變。期間蛹體因固定於絲座上無法移動，僅會用腹部做小幅度的扭轉擺動，有些蝶種腹部在扭動時會發出嘶～嘶～的聲音來驅敵。蛹逐漸的發育成熟，體表隱約可見成蝶的複眼、虹吸式口器、觸角、足、翅膀、腹部等器官構造。

蛹的構造名稱

範例：大白紋鳳蝶（臺灣白紋鳳蝶）／蛹

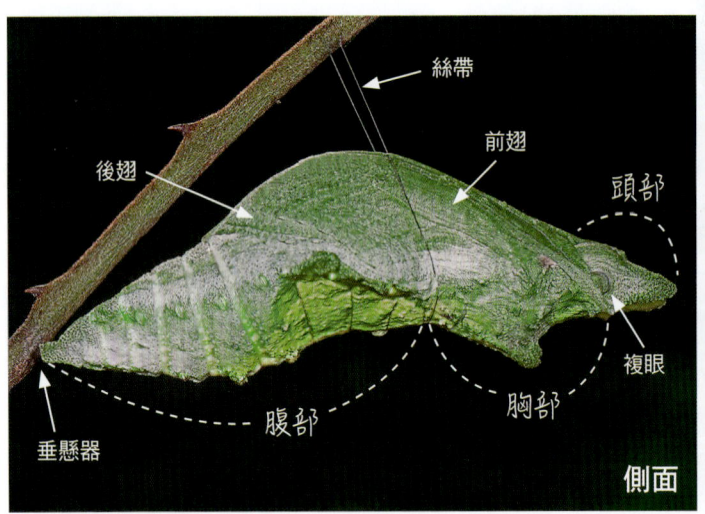

側面

背面

即將羽化的蛹的構造

範例：白蛺蝶／蛹

羽化前後對照圖。

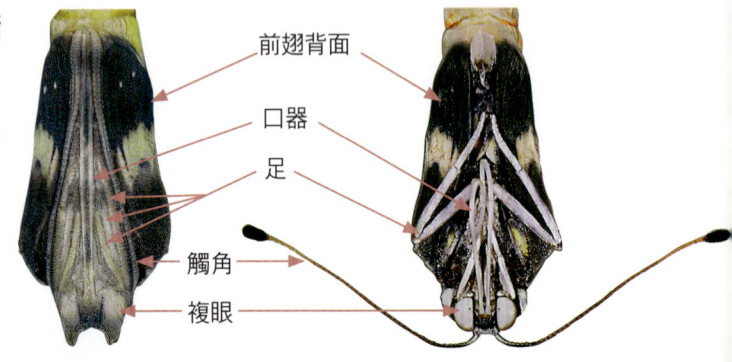

① 白蛱蝶／蛹即將羽化，蛹殼變為透明（側面）。
② 即將羽化的蛹（腹面）。

蛹的型態

帶蛹

　　帶蛹係利用腹部尾端的垂懸器，用多數鉤子固定蛹體尾端於絲座上，再利用一條絲線環繞腹部來固定蛹體，絲線兩端則固定於絲座以支撐蛹體。鳳蝶科、灰蝶科、弄蝶科和粉蝶科的幼蟲，便是利用此方式化蛹，來等待羽化成蝶。

範例：翠斑青鳳蝶（綠斑鳳蝶）化蛹

蛹體之 2 條絲線固定於絲座上。

大面積的絲座
絲帶

前蛹時，絲帶在第 2~3 腹節間來固定前蛹。

即將羽化的蛹，蛹體變色隱約可見蝴蝶之形體，蛹長約 3.6 公分。

頭胸部與翅特寫

前蛹

化蛹後移動絲帶位置

前蛹時，絲帶從第 2~3 節腹節間環繞成帶蛹，蛻皮完成的絲線位置會在蠕動中移至後胸。

範例：翠鳳蝶（烏鴉鳳蝶）

前蛹時，絲帶在第 2~3 腹節間環繞成前蛹。　帶蛹蛻皮完成後的絲線位置。

化蛹時移動垂懸器甩落蛹皮
範例：豔粉蝶化蛹

① 蛻皮時已將舊表皮蛻致尾端。
② 蛹體利用槓桿原理以絲帶為支點，將頭胸部頂在枝條上。
③ 利用腹部力量迅速放離垂懸器，扭轉甩落掉舊表皮。

絲帶為支點　　　絲座　　　垂懸器原點

垂懸器離開絲座懸空時剎那間的特寫。

① 舊表皮已被甩落掉，垂懸器懸空。
② 垂懸器復位時在絲座上，但非原來放離白色點之位置。

帶蛹的化蛹過程

無尾白紋鳳蝶的化蛹過程，歷時約 48 分鐘。

1　前蛹

2　蠕動中，舊表皮皺紋明顯。
2012 年 7 月 2 日 20：55：42

147

3
蠕動約35分後,開始蛻皮。
2012年7月2日 21:26:28

4
持續蠕動蛻皮中。
2012年7月2日 21:26:54

5
持續蠕動蛻皮中,蛹體漸漸膨脹露出。
2012年7月2日 21:27:42

6
由頭部縫線開裂露出胸部。
2012年7月2日 21:28:16

7
持續蠕動蛻皮中,漸露出頭胸。
2012年7月2日 21:28:40

8
蛻皮至第3腹節。
2012年7月2日 21:28:54

9
蛻皮至第4腹節。
2012年7月2日 21:29:04

10
蛻皮至第5腹節,可見觸角。
2012年7月2日 21:29:18

11
蛻皮至第 7 腹節。
2012 年 7 月 2 日 21：29：54

12
蛻皮至第 8 腹節。
2012 年 7 月 2 日 21：30：44

13
完全蛻去舊表皮成蛹。
2012 年 7 月 2 日 21：31：32

14
用力扭轉腹部，讓舊表皮完全脫離掉落。
2012 年 7 月 2 日 21：32：34

15
蠕動調整蛹體姿態。2012 年 7 月 2 日 21：39：12

16 蛹側面
經過約 1 小時漸漸硬化成型。2012 年 7 月 2 日 22：36：32

17 蛹背面

149

垂蛹

　　垂蛹係利用腹部尾端的垂懸器，固定蛹體尾端於絲座上，使頭部向下倒懸於絲座上，外觀像似英文字母「J」形狀。斑蝶與蛺蝶科的幼蟲便是利用此方式化蛹，來等待羽化成蝶。

圓翅紫斑蝶的前蛹與蛹的肉突對照

　　本種幼蟲在中、後胸與第 2、8 腹節共有 4 對長肉突，此長肉突在結成蛹時轉為黑斑點，黑斑點可見於蛹背面的中、後胸與第 2、8 腹節共有 4 對黑斑點與來自幼蟲時期的長肉突相對應。因此，斑蝶類的蛹有 2 對、3 對或 4 對黑斑點者大多可見到此獨樹一幟的特徵，只是斑點大小或顯目與否之別。

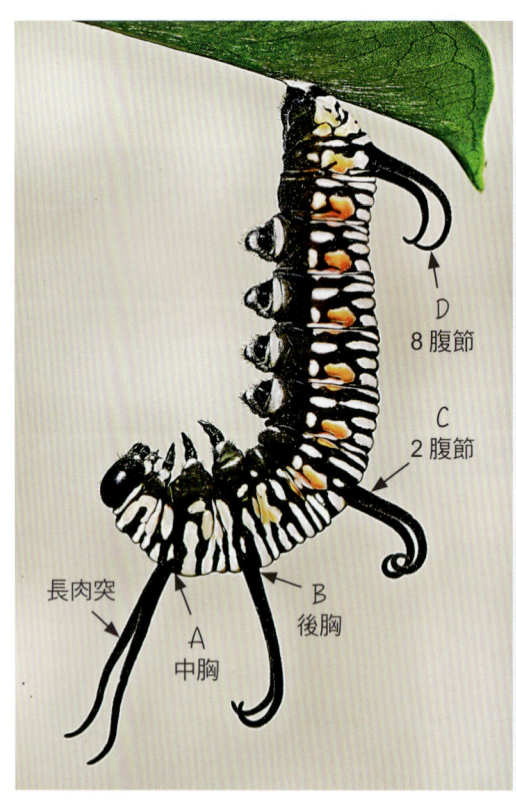

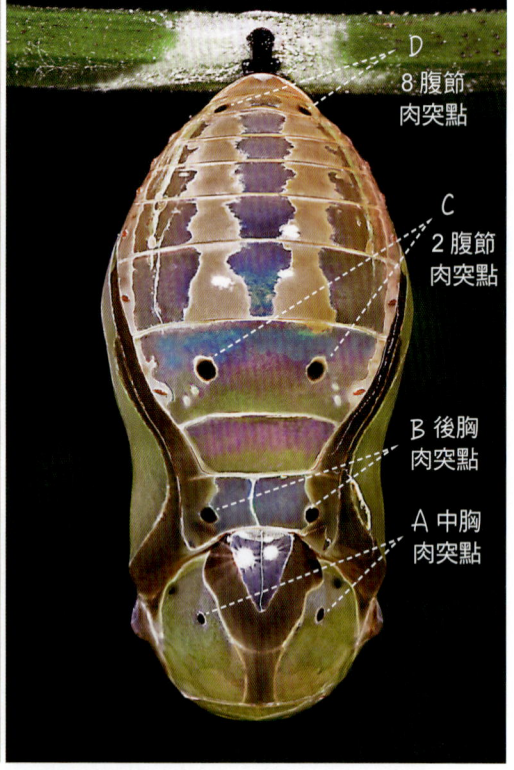

圓翅紫斑蝶：前蛹。

圓翅紫斑蝶：蛹。

垂蛹的化蛹過程

方環蝶（鳳眼方環蝶）垂蛹化蛹過程，歷時約 6 分鐘。

1 開始蛻皮露出前胸。
16：17：33

2 蠕動蛻皮中，露出後胸。
16：17：40

3 蠕動蛻皮中，露出胸部與頭部突起。16：18：18

4 蠕動蛻皮中，露出第2腹節。
16：18：11

5 蠕動蛻皮中，露出第3腹節。16：18：22

6 蠕動蛻皮中，露出第5腹節。16：18：32

7 蠕動蛻皮中，露出第6腹節。16：19：09

8 蠕動蛻皮中，露出第8腹節。16：20：19

9 完全蛻下舊表皮。
16：21：07

10 用力左右扭轉腹部，讓舊表皮完全脫離掉落。
16：21：41

11 蠕動調整蛹體姿態成型。
16：23：08

經過約1小時漸漸硬化成型。20：18：57

12 蛹側面

僅以尾端垂懸器固定

小鑽灰蝶（姬三尾小灰蝶）的化蛹方式不以帶蛹或垂蛹形態化蛹，蛹的胸部無絲帶環繞，僅以尾端粗大發達的垂懸器固定於枝條上，這是其他蝶類少見的行為。

垂懸器　無絲帶

小鑽灰蝶蛹長約 9.2mm，寬約 5.2mm。

蛹的各種型態

蛹的體色會因依附化蛹的場所及環境，呈現不同顏色，通常以摹擬自然環境的綠色系或褐色系較多見。外觀形狀也因蝶種不同，呈現多樣性形態與色澤。有摹擬樹葉、果實、枯枝等保護色，也有表面具棘刺、光滑或鏡面般金光閃閃等防禦方式。蛹的化蛹行為會因種類而不同，有將蛹體直接曝露在自然環境中裸蛹，例如：鳳蝶科的蛹。也有直接化蛹於隱密蟲巢中或土縫、岩縫及果實內、花序上，例如：弄蝶科、灰蝶科的蛹。

曙鳳蝶：蛹背面。

黑鳳蝶：蛹背面，褐色型。

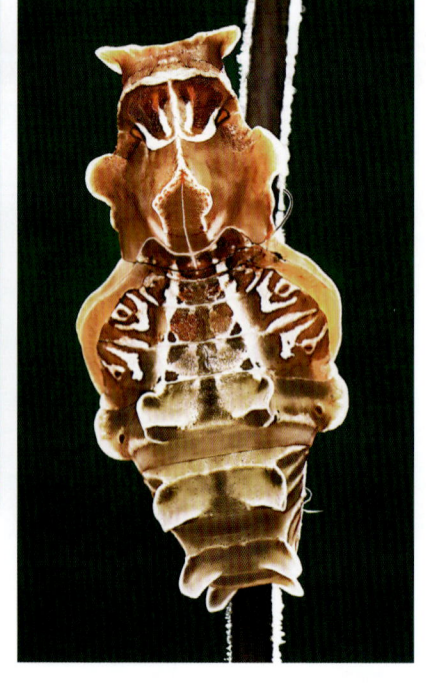

紅珠鳳蝶（紅紋鳳蝶）蛹背面。

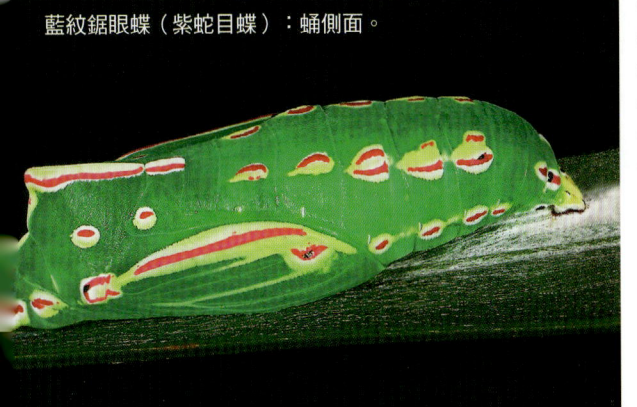

① 翠鳳蝶（烏鴉鳳蝶）：蛹背面，綠色型。
② 琺蛺蝶：蛹背面。
③ 雙色帶蛺蝶：蛹側面。
④ 紫俳線蛺蝶：蛹側面。
⑤ 黃襟蛺蝶：蛹背面。
⑥ 細蝶：蛹側面。
⑦ 斐豹蛺蝶：蛹側面。
⑧ 白蛺蝶：蛹側面。
⑨ 尖粉蝶：蛹背面，綠色型。
⑩ 鈿灰蝶：蛹背面。
⑪ 臺灣瑟弄蝶：蛹背面。
⑫ 金斑蝶（樺斑蝶）：蛹側面。

藍紋鋸眼蝶（紫蛇目蝶）：蛹側面。

2-4 羽化

　　蝴蝶從卵到羽化成翩然飛舞的彩蝶，過程極富戲劇性，蝴蝶的羽化稱為「破蛹而出」，與近親某些蛾類「破繭而出」相異。即將羽化的蝶蛹，蛹殼會逐漸呈現透明，隱約可見到蝴蝶的翅膀外觀紋路。蝶從蛹羽化出來的時間僅驚鴻一瞥 1~2 分鐘，破蛹而出時由從頭胸背部開裂，腳與觸角先出來，然後藉著腳攀登的力量將蛹殼撐開，使整個身體能夠爬出蛹殼。剛羽化的蝴蝶其翅膀柔軟又皺縮，此時是最危險與脆弱之際，尚無飛行能力，需等體內的血淋巴注入翅脈中，將翅膀完全展開，再等待翅膀乾硬；也會自肛門排出蛹期轉變為成蝶多餘的代謝廢物（蛹便）。然後，再靜待 1~2 小時至翅膀完全乾硬後；一個美麗的自然生命，便由此展開美妙之旅～。

即將羽化的蛹

　　即將羽化的蝶蛹，蛹殼會逐漸呈現透明，隱約可見到蝴蝶的翅膀背面外觀紋路，可藉此端倪判斷何時羽化，甚至可鑑識出雄蝶或雌蝶。

橙端粉蝶即將羽化的蛹，可見是雌蝶♀。

異粉蝶（雌白黃蝶）即將羽化的蛹，可見是雄蝶♂。

前翅背面

黃蝶即將羽化的蛹,可見翅背面的黑班紋。

臺灣玄灰蝶即將羽化的蛹,可見翅背面為黑色,並非發黑已歿。

羽化破蛹而出

　　剛羽化出來的蝴蝶,翅膀柔軟又皺縮,尚無飛行能力,此時也會自肛門排出代謝廢物,排出的蛹便有透明或乳白色水珠,再緩揮翅膀等待完全乾硬後才能翱翔藍天。

1

蛹便

2

3

4

蛹便

① 異紋帶蛺蝶剛羽化休息中的雌蝶♀,正緩揮翅膀排出乳白色的蛹便。

② 豔粉蝶剛羽化休息中的雌蝶♀,正揮動翅膀排出透明水珠的蛹便。

③ 大白紋鳳蝶的雌蝶♀,羽化後在休息時,會時而將體內多餘的白色水分排出體外,此連續排便的畫面很不易拍到。

④ 雙色帶蛺蝶剛羽化休息中的雌蝶♀,正排出乳白色的蛹便。

第 2 章 蝴蝶生活史 | 155

柑橘鳳蝶羽化過程

從蛹開裂至成蝶爬出的過程歷時約 48 秒。

1 羽化過程。即將羽化的蝴蝶，蛹殼轉為近透明，隱約可見成蝶形態。20：51：44

2 羽化時從頭、前胸開裂。22：59：00

3 羽化裂縫漸漸開大。22：59：06

4 用足力量撐開蛹。22：59：12

5 露出頭部與腳。22：59：16

6 用 3 對足力量撐開蛹，露出身體部位。22：59：26

7 露出頭部與腳、觸角。22：59：30

8 頭部、腳與觸角、口器伸出外面。22：59：34

9
繼續努力往前爬出。22：59：38

10
用3對足力量漸漸爬出蛹。22：59：44

11
完全爬離濕潤的蛹。22：59：48

12
剛羽化的蝴蝶，雙翅垂軟又皺。23：00：26

13
利用身體內的血淋巴注入翅脈中，將皺軟的雙翅漸漸展開。
23：00：54

14
即將完全展開雙翅。
23：02：50

15
順利展翅成功，完成羽化。此時翅膀柔軟，尚無飛行能力。
23：08：06

16
舒展雙翅、休息，等待翅膀乾硬後，便可飛行。
23：12：12

金斑蝶（樺斑蝶）從前蛹至化蛹到羽化完整歷程

1~25 圖前蛹至化蛹約 1 天，蛹期約 25 天。27~36 圖至羽化展翅約 30 分鐘。在冬季低溫期從前蛹至羽化歷時約 26 天。

1. 前蛹時呈 J 字狀垂懸。
2013 年 12 月 16 日，
20：15：28

2. 前蛹期間約 1 天，蟲體進行蠕動。
2013 年 12 月 17 日，
06：52：40

3. 前蛹後期，蟲體色澤轉淡。
2013 年 12 月 17 日，
07：16：40

4. 準備蛻皮成蛹，蟲體略膨脹，可見舊表皮鬆弛，漸往尾部緩緩蠕動。
2013 年 12 月 17 日，
09：08：04

5. 舊表皮從頭胸開裂。
2013 年 12 月 17 日，
09：08：22

6. 露出頭、胸部。
2013 年 12 月 17 日，
09：08：30

7. 露出胸部。
2013 年 12 月 17 日，
09：08：38

8. 蛻皮至第 1 腹節。
2013 年 12 月 17 日，
09：08：42

9. 蛻皮至第 2 腹節。
2013 年 12 月 17 日，
09：08：46

10. 蛻皮至第 3 腹節。
2013 年 12 月 17 日，
09：09：08

11. 蛻皮至第 4 腹節。
2013 年 12 月 17 日，
09：09：12

12. 蛻皮至第 5 腹節。
2013 年 12 月 17 日，
09：09：24

13 蛻皮至第 6 腹節。 2013 年 12 月 17 日,09：09：32	 14 蛻皮至第 7 腹節。 2013 年 12 月 17 日, 09：10：08	 15 蛻皮至第 8 腹節。 2013 年 12 月 17 日, 09：10：30	 16 蛻皮至尾端。 2013 年 12 月 17 日, 09：10：52
 17 開始用力扭轉,脫落舊表皮。 2013 年 12 月 17 日,09：11：14	 18 向左扭轉。 2013 年 12 月 17 日, 09：11：18	 19 向右扭轉。 2013 年 12 月 17 日, 09：11：36	 20 用力旋轉。 2013 年 12 月 17 日, 09：12：44
 21 利用離心力左右旋轉。 2013 年 12 月 17 日,09：13：16	 22 終於甩掉舊表皮。 2013 年 12 月 17 日, 09：23：10	 23 蠕動蛹體使其成型。 2013 年 12 月 17 日, 09：25：22	 24 剛成型的蛹體,蛹體柔軟。 2013 年 12 月 17 日, 11：02：24

第 2 章 蝴蝶生活史

25 蛹經過約 4 小時後，蛹體漸漸硬化定型。2013 年 12 月 17 日，13：30：24

26 在低溫期，約經過 3 週後，即將羽化的蛹殼轉為透明，可見蝴蝶外觀。2014 年 1 月 10 日

27 即將羽化的蛹。2014 年 1 月 10 日，15：12：46

28 羽化時從頭胸開裂。2014 年 1 月 10 日，15：13：02

29 撐開蛹殼露出頭部。2014 年 1 月 10 日，15：13：24

30 用力撐裂翅緣。2014 年 1 月 10 日，15：13：40

31 用腳撐開整個蛹殼。2014 年 1 月 10 日，15：13：50

32 露出身體部位。2014 年 1 月 10 日，15：14：16

33 牢抓蛹殼，用力撐離蛹殼爬出，以防落地。2014 年 1 月 10 日，15：14：44

34

剛羽化出來時,翅膀皺軟,無法飛行。
2014 年 1 月 10 日,15：23：56

35

翻轉而出,終於蛻變成蝴蝶。
2014 年 1 月 10 日,15：16：46

36

利用血淋巴注入翅脈,翅膀完全展開。
2014 年 1 月 10 日,15：43：16

37

等待翅膀乾硬後,才能翱翔於天際(雄蝶)。
2014 年 1 月 10 日,16：16：12

第 2 章 蝴蝶生活史 | 161

羽化而出，綻放翼彩

　　蝴蝶羽化的時段，因蝶種習性與溫溼度而不同，無論在朝晨午后、黃昏薄暮，抑或月明星稀，皆有觀察到羽化的行為出現。

① 玄珠帶蛺蝶剛羽化後，活動中的雄蝶♂。
② 曙鳳蝶剛羽化不久，正舞動雙翼的雄蝶♂。
③ 紅珠鳳蝶剛羽化出伸展中雌蝶♀。
④ 金環蛺蝶剛羽化不久的雄蝶♂，正伸展口器與雙翅。
⑤ 白蛺蝶剛羽化的雌蝶♀，正舞動翅膀伸展。
⑥ 琉璃蛺蝶剛羽化後，活動中的雌蝶♀。
⑦ 淡紋青斑蝶剛羽化的雌蝶♀，在枝條翻轉翅膀伸展。
⑧ 白豔粉蝶剛羽化後，伸展雙翅活動中的雄蝶♂。

羽化的危機

　　蝴蝶羽化時，若環境濕度不夠，會產生翅膀與蛹殼沾黏或翅膀無法完全展開，而導致羽化失敗。有的蛹不慎被病菌、病毒感染，或幼蟲終齡時期已得病，在蛹期中發病而亡。

①_ 大鳳蝶雄蝶♂羽化不全，卡在蛹殼而亡。
②_ 紅紋鳳蝶在幼蟲終齡已得病，待在蛹期中發病而歿。
③_ 藍紋鋸眼蝶因環境濕度不夠，雄蝶♂羽化時沾黏蛹殼而失敗。
④_ 網絲蛺蝶在蛹期中發育不良，僅一邊翅發育完整，羽化失敗無法飛行，注定成為天敵的食物。
⑤_ 金鎧蛺蝶因環境濕度不夠，雌蝶♀羽化時沾黏蛹殼而失敗。
⑥_ 綠島大白斑蝶已破蛹而出，卻因尾端沾黏蛹殼無法爬出而亡。

2-5
成蝶

　　蝴蝶的身體構造,是由「頭部、胸部、腹部」3個部分所組成。每個部位各司其職,扮演著不同的特殊功能,以面對大自然的各種嚴峻挑戰。

● 成蝶的身體構造

花鳳蝶(無尾鳳蝶)雄蝶♂側面。

花鳳蝶（無尾鳳蝶）雄蝶♂背面。

頭部

　　頭部可自由轉動，有「複眼、觸角、口器、下唇鬚」等，其餘部分密生鱗片和鱗毛。●**複眼**：為視覺器官，位在頭部兩側呈現大而突起之半球形，由成千上萬六角形之小眼所組成，每一個小眼都具有一角膜與感光區，數目越多視覺就越佳，可偵測紫外線等人類眼睛不可見之波長（可見光之波長 380~760nm）。所以蝴蝶所看到的花朵色彩，與人類的可見光顏色不同。●**觸角**：頭頂具有一對細長且先端膨大，呈現棍棒狀或鉤狀之感覺器官「觸角」。密布感覺器，可偵測各種食物、化學物質、求偶等功能。●**口器**：頭部下方具有一曲管式「口器」，其構造是由 2 枚高度特化的小顎外葉密合而成之中空長管。平時呈現捲曲狀隱藏於頭部下方，在覓食時藉由血液壓力可伸縮自如，用來吸食各種花蜜及腐果汁液水、樹液、動物排泄物、水等流質食物，來供給身體所需的能量與營養。●**下唇鬚**：位在口器兩側有 2 枚向上的鬚，鬚上密生鱗片與感覺細毛；可保護口器和感覺、偵測食物。

花鳳蝶（無尾鳳蝶）觸角先端特寫。

花鳳蝶（無尾鳳蝶）頭部正面特寫。

花鳳蝶（無尾鳳蝶）頭部背面特寫。

黑星灰蝶觸角先端特寫。

花鳳蝶（無尾鳳蝶）複眼與口器特寫。
- 複眼
- 口器平時呈現捲曲

小環蛺蝶雄蝶♂，口器兩側的下唇鬚，具嗅覺功能。
- 觸角
- 下唇鬚
- 複眼
- 口器

胸部

　　胸部由「前胸、中胸、後胸」3 體節所組成，位於頭部和腹部之間，掌管著胸足與翅膀的運動功能。胸部 3 體節各具有一對前足、中足、後足，所有蝴蝶皆具有 3 對胸足，但蛺蝶科的前足明顯特化而內縮於胸前，平常僅利用中、後足來攀爬、步行、站立等活動，未仔細觀察會誤以為只有 2 對腳。在中胸和後胸背側各具有一對膜質翅膀。前翅位在中胸，為主要飛行功能；後翅位在後胸，具有平衡與輔助飛行的功能。而翅膀表面密生各種五彩繽紛與鮮明奪目的細微鱗片。其外觀色彩、斑紋造型與鱗片組合方式，可在自然界中，做為欺敵、偽裝、防禦、求偶、防水或調節溫度等求生、自保用途，及供人類辨識區別蝶種與分類鑑別。

金斑蝶成蝶腳的結構。（鉤爪、跗節、脛節、轉節、基節、腿節）

雙色帶蛺蝶：蛺蝶科的前足明顯特化，內縮於胸前未用於步行。（前足內縮於胸前、中足、後足）

腹部

　　腹部由 10 個腹節所組成，柔軟可彎曲具有呼吸、神經、消化、排泄、繁殖等器官，尾端具有外生殖器官。腹部在第 1~8 腹節的體側，各具有一對氣孔。雌蝶的第 8~10 腹節與雄蝶第 9~10 腹節高度特化成「外生殖器官」，被濃密的細微鱗毛所保護著。雌蝶具有「交配孔」和「產卵管」。雄蝶具有一對把握器，陽莖隱藏在內，當雌雄交配時，雄蝶可用把握器固定末端，並調整雌蝶合適的體位。而當雄蝶交配完要離開時，也會分泌膠狀副腺分泌物，將雌蝶之交配孔堵塞，讓其他雄蝶沒有機會再進行交配。交尾器除了可供辨識雌雄外，亦為蝴蝶在物種分類鑑別上之重要憑證。

臺灣黠弄蝶雄蝶♂正利用足的脛節與跗節上細刺與鱗毛清理觸角。

口器與觸角清潔

　　蝴蝶的口器是用來吸食各種花蜜及流質食物，供給身體所需的能量與營養。飽餐一頓後要如何做清潔？聰明的蝴蝶會利用足的脛節與跗節上成列的細刺與鱗毛，來清理觸角、複眼和口器上所殘留的雜物，維持器官的正常功能。

木蘭青鳳蝶（青斑鳳蝶）雄蝶♂正利用足的鉤爪來鉤觸角，再用跗節上細刺與鱗毛刷理觸角。

①_ 閃電蝶雄蝶♂正利用足的脛節上細刺與鱗毛清理複眼。
②_ 蘇鐵綺灰蝶雄蝶♂正利用足的脛節與跗節上細刺與鱗毛清理口器上花粉粒。
③_ 竹內弄蝶雄蝶♂正利用足的脛節與跗節上細刺與鱗毛清理觸角和口器。

口器的顏色

①_ 大白紋鳳蝶的口器顏色為黑色。
②_ 玄珠帶蛺蝶的口器顏色為黃色。
③_ 流星蛺蝶的口器顏色為紅色。
④_ 白蛺蝶的口器顏色為白色。
⑤_ 黑丸灰蝶的口器顏色為淡褐色。
⑥_ 金鎧蛺蝶的口器顏色為白色。
⑦_ 玳灰蝶的口器顏色為褐色。
⑧_ 小環蛺蝶的口器顏色為黃褐色。

下唇鬚
口器由2根小顎外葉組成

成蝶的生活習性

領域性

　　許多生物的生活習性，都具有領域性。而蝴蝶也不例外，雄蝶常在林緣枝梢或高處以影為伴獨徘徊，認定一活動範圍為制空權的棲息地。在遇有其他蝶類入侵活動領域範圍時，便會以驅趕、追逐的方式，驅離入侵者的行為，來捍衛領地；稱為「領域性」。再者，倘若在領地，遇到的是朝思暮想心儀的對象，雄蝶就會欣喜若狂；猴急的飛撲去求偶，迎娶美嬌娘。因此，在野地瞧見有在樹梢岩石上，享受孤獨寂寞的大多是失戀陣線聯盟的雄蝶。

① 一隻雄蝶♂正駐足在枝梢領地，等待異性邂逅；等待的滋味並不好受，彷彿把世界的寂寞都獨留。

豆環蛺蝶雄蝶♂孤身隻影在警戒領地。

第 2 章 蝴蝶生活史 ｜ 169

❷　形單影隻駐守著領地,有如站衛兵似的在監控、驅趕不速之客;這樣叫做警戒領域,有趣吧!

眼蛺蝶雄蝶♂伶仃孤影在警戒領域(低溫型)。

❸　落花有意,流水無情,孤寂荒蕪的心田,悠悠我心。只緣情投意合,燦爛我一生,燃燒出生命的喝采。 願上天～眷顧我們這群失戀陣線聯盟。

①_ 白蛺蝶雄蝶♂在領地悵然若失把悲傷與孤寂留給自己。
②_ 白裳貓蛺蝶雄蝶♂在岩石上百感交集呆視,茫茫然如失神落魄。
③_ 斐豹蛺蝶雄蝶♂在岩石上鬱鬱寡歡,仰天長歎等待伊人現蹤。

展翅曬太陽（日光浴）

　　蝴蝶屬於變溫動物，體溫會隨著自然環境的溫度高低而改變。因此，蝴蝶需要藉由陽光的照射吸收熱能、調解體溫。所以，常在野地可見到蝴蝶在陽光下，時而合翅，時而展開雙翅的姿態，在做「曬太陽（日光浴）」。

白蛺蝶雌蝶♀展翅曬太陽。 　　蘇鐵綺灰蝶雄蝶♂展翅曬太陽。 　　異紋帶蛺蝶雌蝶♀展翅曬太陽。

枯葉蝶雄蝶♂展翅曬太陽。 　　尖粉蝶雌蝶♀展翅曬太陽。

網絲蛺蝶（石牆蝶）雌蝶♀展翅曬太陽。　　橙端粉蝶（端紅蝶）雌蝶♀展翅曬太陽。

飛行大不同

　　蝴蝶的翅膀著生於胸部，同樣擁有一對翅膀，但不同種類的蝴蝶，飛行方式卻有所不同。例如：環蛺蝶屬常抖動雙翅來滑翔，弄蝶類快速急馳，斑蝶類則是悠然自得的緩飛，蛇目蝶類飛行像似在跳躍。雄蝶在求偶時則亦步亦趨或潑皮無賴糾纏。再者，在交配時如遇驚擾，會帶著宛如假死狀態的伴侶逃飛。

紅珠鳳蝶雌蝶♀吸完花蜜後，起飛的姿勢。

柑橘鳳蝶雌蝶♀在空中滑行的姿態。

紅珠鳳蝶交配（上♂下♀）時，雄蝶帶著宛如假死狀態的雌蝶逃飛。

①_ 金環蛺蝶雄蝶♂在空中緩慢滑翔飛行。
②_ 白圈線蛺蝶雄蝶♂覓食時瞬間起飛。
③_ 金鎧蛺蝶雄蝶♂覓食瞬間的驚逃飛姿。
④_ 豆環蛺蝶雄蝶♂舞動翅膀曬太陽的英姿。
⑤_ 圓翅鉤粉蝶雄蝶♂吸水完時，起飛的姿勢。
⑥_ 豔粉蝶雌蝶♀在空中滑行的飛姿。
⑦_ 玳灰蝶（龍眼灰蝶）雌蝶♀瞬間驚竄逃離飛行。
⑧_ 白裳貓蛺蝶雄蝶♂飛行。

173

保護色

　　蝴蝶會利用自身的保護色,像似日本忍者般,藏匿或偽裝在自然環境中的枯葉、樹皮或葉背、落葉堆的陰暗處,以避免被天敵發現。

①_ 枯葉蝶外觀似枯葉,融入石塊成保護色(雄蝶♂覓食)。
②_ 森林暮眼蝶 -5 齡幼蟲,體長約 43mm。體色與食草顏色相融成保護色。
③_ 琉璃蛺蝶外觀似樹皮青苔,融入枯木青苔成保護色(雄蝶♂覓食)。

濕地吸水現象

在野外，大多數的雄蝶喜愛悠遊自在的到河床、溪畔或路旁潮濕地面等處吸水，因為水中含有豐富的礦物質和無機鹽，這種吸水行為稱為「濕地吸水現象（puddling）」。雄蝶吸取這些養分後儲存在精莢內，當與雌蝶交尾時利用精莢一起傳送到雌蝶的受精囊內暫存，等到雌蝶要產卵時，才與精子完成受精卵之程序。雄蝶吸水時，將礦物質或無機鹽等養分吸取儲存後，會把多餘水分由肛門排出體外。有趣的是，因吸食養分不同，排泄物有透明的、也有乳白色。

①_ 斑鳳蝶雄蝶♂吸水。
②_ 寬帶青鳳蝶雄蝶♂在濕地吸水。
③_ 翠鳳蝶（烏鴉鳳蝶）雄蝶♂吸水。
④_ 曙鳳蝶雄蝶♂吸水。
⑤_ 劍鳳蝶（升天鳳蝶）雄蝶♂吸水，邊吸邊排出乳白色的排泄物。

閃電蝶雄蝶♂吸水，邊吸邊排出乳白色的排泄物。　蠻大鋸灰蝶雄蝶♂在野溪吸水，邊吸邊排出透明的排泄物。

臺灣鳳蝶雄蝶♂吸水。 　白紋鳳蝶雄蝶♂吸水。 　大白紋鳳蝶雄蝶♂（左）與黑鳳蝶雄蝶♂（右）一同在溼地吸水。

黃星弄蝶雄蝶♂吸水，邊吸邊排出乳白色的排泄物。 　淡褐脈粉蝶（淡紫粉蝶）雄蝶♂集體在濕地吸水。

異粉蝶（雌白黃蝶）雄蝶♂集體在河床濕地吸水。 　靛色琉灰蝶雄蝶♂集體在落葉堆吸水。 　黑丸灰蝶雄蝶♂吸水。

斯氏紫斑蝶交配（左♀右♂）。　　　　　小紫斑蝶雄蝶♂吸食高士佛澤蘭花蜜。

越冬習性

當寒冷冬天來臨時，大多數昆蟲都會有長短不一的蟄伏期。蝴蝶中有些蝶種以卵、幼蟲或蛹來越冬。有些則在冬季由中、高海拔飛降至低海拔或溫暖的谷地越冬。例如：紫斑蝶類千里迢迢飛到南部越冬。

求偶

蝴蝶的世界裡，通常雄蝶遠比雌蝶多，常可瞅見數隻雄蝶競爭追求一隻雌蝶，爭取交配權。雄蝶對雌蝶散發的性費洛蒙特別敏銳，常見雄蝶在食草附近來回穿梭，尋找剛羽化的雌蝶，趁雌蝶活動力弱時強行交配。有的雄蝶也會用強迫方式強押雌蝶飛至無法飛行處而交配。雄蝶若非雌蝶心儀的對象，抑或雌蝶已交配過，雌蝶會高舉尾端擺出拒絕交配的姿態示警。

① 白紋鳳蝶雄蝶♂強行押飛雌蝶求偶。
② 白紋鳳蝶雄蝶♂不離不棄緊追逐著雌蝶飛的求偶行為。

① _ 綠島大白斑蝶雌蝶正在產卵，雄蝶♂則從腹端伸出毛筆器求偶，本種蝴蝶會重複交配。
② _ 大白斑蝶雄蝶♂從腹端伸出毛筆器求偶。
③ _ 黑端豹斑蝶雌蝶正在產卵，雄蝶♂騷擾也想要交配。
④ _ 旖斑蝶雄蝶♂飛行中從腹端伸出淺褐色毛筆器，散發性費洛蒙在求偶。
⑤ _ 圓翅鉤粉蝶雌蝶腹部高舉，藉此行為傳達拒絕雄蝶求偶。
⑥ _ 細波遷粉蝶（水青粉蝶）雌蝶♀腹部上舉，表示拒絕雄蝶求偶交配。

交配

① 蝴蝶交配時間的長短，因蝶種而異，通常約莫 1~24 小時就會自然的分開；而有些蝶種的交配時間則會超過 24 小時。例如：紅珠鳳蝶、花鳳蝶、大白斑蝶等蝶類。灰蝶類和弄蝶類的交配時間通常較短暫，約莫數小時至 1 天便結束了。蛺蝶科和粉蝶科依蝶種而異約 24 小時以內，但斑蝶類有的會交配 24~48 小時。

枯葉蝶交配（左♀右♂）。

琉璃蛺蝶交配（左♀右♂）。

豆波灰蝶交配（左♀右♂）。

絹斑蝶（姬小紋青斑蝶）交配（上♂下♀）。

鱗紋眼蛺蝶（眼紋擬蛺蝶）交配（上♀下♂）。

雌擬幻蛺蝶交配（左♂右♀）。

雌擬幻蛺蝶交配已超過 12 小時，右邊雌蝶♀已顯疲態，不時用後足推雄蝶腹部與把握器，推了 10 幾次後結束了交配行為。

❷ 蝴蝶交配時，若遇到騷擾，通常伴侶會帶另一方飛離現場。倘若是遇到過度騷擾與驚嚇，彼此間則會相互掙脫而傷及交尾器。所以有些人工網室繁殖場不喜歡在蝴蝶交配時，供人密集拍照騷擾蝴蝶，深怕蝴蝶受傷不產卵。

旖斑蝶交配（上♂下♀）。遇到驚擾時，雄蝶欲帶著雌蝶飛離現場。

紅珠鳳蝶交配（上♂下♀）。遇到驚擾時，伴侶帶著另一方雙宿雙飛離開現場。

雲紋尖粉蝶交配（左♀右♂）。遇到過度騷擾與驚嚇時，彼此間相互拉扯欲掙脫。

❸ 雌蝶一生大多只交配一次，少數蝶種會重複交配，例如：綠島大白斑蝶、大白斑蝶、旖斑蝶。而雄蝶則可與雌蝶多次交配。

綠島大白斑蝶交配（左♂右♀）。

大白斑蝶（大笨蝶）交配（上♀下♂）。

交配栓（sphragis）

蝴蝶交配時，雄蝶會在交配期間將精胞送進雌蝶的交配孔內，同時分泌膠狀副腺分泌物，將雌蝶之交配孔堵塞的交配栓。此舉可讓其他雄蝶沒有機會再與雌蝶交配，以鞏固自己基因的優勢。我們時常會在野地瞧見郎有情妹無意的求偶畫面，通常便是因為雌蝶已經交配過，不想理會雄蝶了。除非雄蝶有能力將交配栓移除再交配。

1 細蝶

雌蝶♀未交配之孔，展開徑約1.5mm。

雌蝶♀展翅。

錐狀交配栓

交配過後的雌蝶♀，尾端具有明顯的紅褐色錐狀交配栓，是臺灣產蝴蝶中罕見的形態。

2 異紋紫斑蝶（端紫斑蝶）

交配孔開放無交配栓

交配栓　　附屬物

① 交配（上♂下♀）
② 未交配的雌蝶，交配孔開放無交配栓。
③ 交配過雌蝶♀，交配孔具有來自雄蝶的交配栓（正面）。
④ 交配過雌蝶♀，交配栓上可見1根針狀附屬物（側面）。

產卵

　　蝴蝶的壽命很短暫，通常約莫 1~4 個月之間，其中以越冬的斑蝶類觀察記錄最長，壽命可以活數個月至半年，但因環境溫濕度、氣候、食物而異。因此，蝴蝶交配後，平地蝶種約 2 天便會開始產卵。蝴蝶的產卵習性，因蝶種而各異其趣，有單產、散產、聚產等方式。雌蝶產卵時，會從副腺分泌黏液，將卵固定於樹幹細縫、枝條、休眠芽、新芽、葉表、葉背、花序、果實或食草附近可附著卵之物體，以供幼蟲食用。

①_ 柑橘鳳蝶雌蝶♀飛舞中產卵於四季橘新芽。
②_ 白紋鳳蝶雌蝶♀飛舞中產卵於飛龍掌血新芽。
③_ 花鳳蝶（無尾鳳蝶）雌蝶♀飛舞中產卵於橘柑幼枝。
④_ 大白斑蝶雌蝶♀停於爬森藤厚葉片，再移至合適位置產卵。

幻蛺蝶（琉球紫蛺蝶）雌蝶♀喜愛選擇產卵於低矮甘薯葉片上。

異紋紫斑蝶雌蝶♀喜愛選擇產卵於小錦蘭的新芽或新葉。

亮色黃蝶（臺灣黃蝶）雌蝶♀將卵聚產於越南鴨腱藤新芽。

雌擬幻蛺蝶正產卵於低矮馬齒莧旁的水泥牆上。

細灰蝶（角紋小灰蝶）雌蝶♀正產卵於烏面馬花苞。

雲紋尖粉蝶雌蝶♀喜愛選擇產卵於鐵色的新芽或新葉。

卵 10 粒聚產

卵 8 粒聚產

① _ 蘇鐵綺灰蝶雌蝶♀正在產卵於蘇鐵的新芽旁。
② _ 黑星灰蝶雌蝶♀喜愛產卵於扛香藤花苞。
③ _ 細波遷粉蝶（水青粉蝶）雌蝶♀正快速產卵於望江南葉片。
④ _ 青珈波灰蝶雌蝶♀正產卵於佛萊明豆花苞。
⑤ _ 燕藍灰蝶（霧社燕小灰蝶）雌蝶♀喜愛產卵於葎草雄花的花苞。

第3章

蝴蝶與食物

3-1 幼蟲食草（寄主植物）

植物的花、葉、果，適合該種蝴蝶幼蟲成長發育所取食的植物；稱為「寄主植物」，又稱「食草」或「食樹」。

20種食草與幼蟲

1. 臺灣香檬與大鳳蝶

芸香科柑橘屬**臺灣香檬**是野外不常見的臺灣原生種柑橘類，果可食用，葉片經搓揉具有濃郁的芳香。葉片是**翠鳳蝶、花鳳蝶、大鳳蝶、玉帶鳳蝶、黑鳳蝶、柑橘鳳蝶**等10種幼蟲的食草。雌蝶對於這種特殊化學氣味，特別情有獨鐘，常選擇為產卵對象。臺灣紅皮書：易危 NVU 物種。

2. 單芒金午時花與幻蛺蝶

錦葵科金午時花屬的**單芒金午時花**是原生種，目前臺灣有記錄的金午時花屬有**椴葉金午時花、恆春金午時花、金午時花、單芒金午時花**等10幾種的植物，其中約有8種植物可飼養幻蛺蝶（琉球紫蛺蝶）幼蟲。

---

① 臺灣香檬：柑果扁球形，徑45~55mm，高30~35mm。
② 大鳳蝶5齡幼蟲初期，體長約27mm。
③ 幻蛺蝶雌蝶♀（白帶型）。

單芒金午時花的花果枝葉照。

3. 美人樹與細帶環蛺蝶

　　錦葵科美人櫻屬的**美人樹**是栽培種，落葉性喬木，樹幹分布瘤狀刺。為公園、路旁常見的行道樹、庭園造景或綠美化樹種。葉片是**細帶環蛺蝶（臺灣三線蝶）**的幼蟲食草。

美人樹的花冠粉紅色，花寬約 17cm。

美人樹景觀照。

細帶環蛺蝶 5 齡幼蟲，食美人樹葉片。

4. 澎湖決明與細波遷粉蝶

　　豆科決明屬**澎湖決明**臺灣特有變種。常綠小灌木，原生於澎湖群島的荒野或沙地。葉片與全株柔軟組織可飼養**細波遷粉蝶（水青粉蝶）**的幼蟲，往往將整株吃得只剩枝條。臺灣紅皮書：易危 NVU 物種。

澎湖決明／花枝。

細波遷粉蝶 4 齡幼蟲食澎湖決明葉片。

5. 葛藤與灰蝶和蛺蝶

　　豆科葛藤屬**湯氏葛藤（大葛藤）**、**山葛（臺灣葛藤）**是臺灣曠野山林常見的藤本植物，生長習性恣意妄為，常纏勒樹木、果樹或成片蔓生，將其他植物逼迫得奄奄一息，甚至嗚呼哀哉！是農民眼中的大雜草。不過，每當花季怒放時，花蜜和花朵、花苞與未熟果可大量養活**青珈波灰蝶、銀灰蝶、雅波灰蝶、豆波灰蝶**等蝴蝶的幼蟲。而牠的葉片可飼養**豆環蛺蝶、細帶環蛺蝶和小環蛺蝶**的幼蟲。大葛藤將它最繽紛美麗的時節，鞠躬盡瘁全部奉獻給蝴蝶和幼蟲。

① 豆環蛺蝶雄蝶♂覓食。
② 湯氏葛藤（大葛藤）。
③ 波灰蝶集體吸食山葛（臺灣葛藤）的花蜜。
④ 青珈波灰蝶4齡幼蟲，體長約12 mm，棲息於山葛花序做隱藏。

6. 牛皮消與金斑蝶

　　蘿藦亞科催吐白前屬**牛皮消（白薇）**，原生種，近年由牛皮消改制催吐白前屬；是**金斑蝶**的幼蟲食草。牠在野外族群並不多，主要分布於苗栗縣的墓仔埔，生育地面臨人為的過度干擾，極需保育。牛皮消在10月分就開始進入休眠，春天萌芽生長開花，仲夏結果。臺灣紅皮書：瀕危 NEN 物種。

金斑蝶5齡幼蟲，體長約42 mm。

7. 毛白前與金斑蝶、絹斑蝶

蘿藦亞科催吐白前屬**毛白前**是 2010 年新記錄的原生種植物，目前僅見於中部的大肚山草生地；近年由牛皮消屬改制催吐白前屬，全株是**金斑蝶、絹斑蝶**的幼蟲食草。原生地的植株在 10 月分就開始進入休眠，春天萌芽生長開花。花的顏色有黃、黃綠色或暗紅色之色系變化，是非常具有觀賞價值的藤蔓植物。

毛白前／花枝。

絹斑蝶（姬小紋青斑蝶）雌蝶♀吸食金露花花蜜。

8. 泥花草與眼蛺蝶

濕地是水生植物的樂園，遺憾的是臺灣的濕地環境日益惡化，不可同日而語。臺灣有幾種水生植物是**眼蛺蝶**的幼蟲食草。其中母草科母草屬**泥花草**便是眼蛺蝶喜歡的食草之一，它喜歡生長在廢耕稻田、田埂、溝渠等濕地環境，幼蟲就地取材喜愛躲藏在植株下面或地面。

泥花草／花枝。

眼蛺蝶 5 齡幼蟲（終齡）。

9. 臺灣天仙果與網絲蛺蝶、圓翅紫斑蝶、異紋紫斑蝶

桑科**金氏榕、臺灣天仙果（臺灣榕、天仙果）**等多種榕屬植物，葉片是**網絲蛺蝶、圓翅紫斑蝶、異紋紫斑蝶**等蝴蝶的幼蟲的食草。臺灣天仙果又稱羊奶頭，可用於藥膳燉補、藥酒的藥材。

① 圓翅紫斑蝶 5 齡幼蟲（終齡），體長約 52mm。
② 臺灣天仙果雄株。
③ 網絲蛺蝶（石牆蝶）5 齡幼蟲，體長約 33mm。
④ 異紋紫斑蝶 5 齡幼蟲（終齡），體長約 48 mm，正在吃天仙果葉片。

10. 月桃與淡青雅波灰蝶、袖弄蝶、薑弄蝶

薑科**月桃、角板山月桃、恆春月桃**等多種月桃屬或野薑花的花朵，花苞可飼養**淡青雅波灰蝶**的幼蟲。而葉片可飼養**袖弄蝶、薑弄蝶**的幼蟲。臺灣的野地分布近 20 種月桃，到野外不妨多注意它們的花朵與葉片是否有蟲蟲棲息。

月桃生態照。

袖弄蝶（黑弄蝶）5 齡幼蟲，體長約 43 mm。

11. 堇菜屬植物與斐豹蛺蝶、綠豹蛺蝶

臺灣產的堇菜屬植物約近 20 種，幾乎都可飼養**斐豹蛺蝶、綠豹蛺蝶**。低海拔野地的堇菜屬植物隨著環境的開發，族群已並不普遍，間接影響了物種的生活空間。

茶匙癀的生態照。

斐豹蛺蝶 5 齡幼蟲（終齡）食香堇菜。

斐豹蛺蝶 5 齡幼蟲，體長約 24mm 與 32mm。

12. 忍冬與紫俳線蛺蝶、殘眉線蛺蝶

忍冬科忍冬屬**忍冬（金銀花）、裡白忍冬**，原生種，常綠纏繞性藤本植物。忍冬的野生植株並不多見，反倒是藥用栽培較常見。葉片是**紫俳線蛺蝶（紫單帶蛺蝶）、殘眉線蛺蝶（臺灣星三線蝶）**的幼蟲食草，花則是很好的蜜源植物。

① 白雲飄飄與一簇長在紅磚屋旁的金銀花相互映襯，幽幽清香，沁人心脾。
② 殘眉線蛺蝶 5 齡幼蟲。
③ 紫俳線蛺蝶雌蝶♀展翅。

13. 腺藥豇豆與豆環蛺蝶、豆波灰蝶

豆科腺藥豇豆屬**腺藥豇豆**，原生種。攀緣性藤本植物，臺灣分布於南部海岸地區。葉片是**豆環蛺蝶**的幼蟲食草。花、花苞與柔軟組織可飼養**豆波灰蝶、雅波灰蝶**的幼蟲。臺灣紅皮書：極危 NCR 物種。

卵產於花苞上。

① 腺藥豇豆花寬約 34mm。
② 豆環蛺蝶 5 齡幼蟲，體長約 20mm。
③ 豆波灰蝶雌蝶♀覓食（夏型）。

14. 饅頭果屬與靛色琉灰蝶、雙色帶蛺蝶、玄珠帶蛺蝶

葉下珠科饅頭果屬的**高士佛饅頭果、紅毛饅頭果、菲律賓饅頭果、裏白饅頭果、赤血仔（厚葉算盤子）**等多種植物是**靛色琉灰蝶、雙色帶蛺蝶、玄珠帶蛺蝶**的幼蟲食草。其中高士佛饅頭果、紅毛饅頭果為少見植物。

① 紅毛饅頭果／果枝。
② 玄珠帶蛺蝶（白三線蝶）5 齡幼蟲初期，體長約 23mm，正在咬食紅毛饅頭果葉片。

15. 決明與粉蝶

豆科決明屬**決明**為原生種,一年生草本植物。決明子可做茶飲,葉片是**遷粉蝶(淡黃蝶、銀紋淡黃蝶)、細波遷粉蝶(水青粉蝶)、黃裙遷粉蝶(大黃裙粉蝶)、亮色黃蝶(臺灣黃蝶)、黃蝶**的幼蟲食草。

決明生態照。

黃裙遷粉蝶雄蝶♂吸水。

16. 桐櫟柿寄生與鈿灰蝶

生長在半空中的桑寄生科、檀香科植物,是野外觀察蝴蝶必看的植物,不僅植物的生態特別,取食牠們的蝴蝶也很特別。檀香科槲寄生屬**桐櫟柿寄生**,原生種,普遍生長於臺灣低、中海拔山區,葉片是**鈿灰蝶、條斑豔粉蝶**的幼蟲食草。

桐櫟柿寄生結果枝葉。

鈿灰蝶 5 齡幼蟲,體長約 18mm。

17. 山油麻、山黃麻與蛺蝶、灰蝶

　　大麻科山黃麻屬**山油麻、山黃麻**是低海拔山區路旁、森林中常見的原生植物。葉片是**豆環蛺蝶、細帶環蛺蝶、小雙尾蝶**等蝴蝶的幼蟲食草。花、花苞、未熟果等柔軟組織可飼養**黑星灰蝶、霓彩燕灰蝶、燕灰蝶**的幼蟲。

山油麻生態照。　　小雙尾蛺蝶雄蝶♂在濕地吸水。

18. 使君子與細帶環蛺蝶、靛色琉灰蝶、燕灰蝶

　　使君子風車子屬**使君子**，栽培種＆歸化種。常見於公園、校園或路旁棚架、圍籬景觀用途。花冠長筒狀下垂，花初開為白色漸轉為粉紅，最後為紅色，一縷幽香令人心怡，絢麗多彩引人入勝。葉片是**細帶環蛺蝶**幼蟲食草。花、花苞、未熟果等柔軟組織是**靛色琉灰蝶、燕灰蝶**的幼蟲食物。

① 使君子生態照。
② 靛色琉灰蝶 4 齡幼蟲，體長 12mm。
③ 燕灰蝶 4 齡幼蟲，體長約 15mm，食使君子花苞的體色偏紅色。

19. 阿勃勒與雙尾蛺蝶、遷粉蝶

　　豆科黃槐屬**阿勃勒**為園藝栽培種植物，常見於公園、校園或路旁行道樹景觀用途。仲夏，阿勃勒一串串黃花鈴，驚醒長眠沃土的蟬，淚潸潸嚷著沒睡飽，乍到的**淡黃蝶**快速產卵，懶得理牠。

阿勃勒生態照。　　雙尾蛺蝶 3 齡幼蟲，體長約 15mm。　　遷粉蝶（淡黃蝶）雌蝶♀紅斑型。

20. 竹葉草與蛺蝶、弄蝶

　　禾本科求米草屬**竹葉草**，原生種。野外常見的禾草，葉片可飼養**禾弄蝶、眉眼蝶、大波眼蝶、巨波眼蝶**等 20 多種蝴蝶的幼蟲。這群幼蟲的體色有翠綠或枯葉之褐色，隱藏在芳草萋萋、豐草長林的綠海中，身上的保護色具有絕佳避敵效果。

①_ 竹葉草生態照。
②_ 巨波眼蝶／北臺灣亞種（鹿野）終齡幼蟲，體長 32mm。
③_ 大波眼蝶（大波紋蛇目蝶）5 齡幼蟲，體長 23mm。

第 3 章 蝴蝶與食物　｜　195

3-2
蜜源植物

　　植物綻放的花朵，能夠吸引蝴蝶或其他昆蟲前來覓食花蜜；稱為「蜜源植物」。每種蝴蝶對其蜜源植物喜愛各有所好，無論原生種或外來種，美麗芳香又馥郁的花朵皆能招蜂引蝶。只是臺灣原生種的植物，花期有季節性且不長；而園藝栽培種植物已研改至全年皆有花朵綻放。此為何以蝴蝶生態農場較偏重園藝種蜜源植物，鮮少大量使用原生種做為蝴蝶的蜜源植物的緣故。

蚊子吸食牛皮消的花蜜。

10種外來種蜜源植物（含歸化種、園藝栽培種）

1. 朱槿（扶桑）

　　錦葵科木槿屬**朱槿（扶桑）**，栽培種＆歸化種。常被用來做庭園景觀、盆栽、綠籬等用途，亦受偏愛紅色系蝶類所青睞。扶桑在湛藍天空，白雲朵朵，妊紫嫣紅，迎風搖曳，令人賞心悅目，別有一種心曠神怡之境。

朱槿（扶桑）。

2. 槭葉牽牛

　　旋花科牽牛花屬**槭葉牽牛**，歸化種，多年生纏繞性藤本，野地漫山遍野俯拾即是。漏斗狀花冠，杯杯秀色可餐，令蜂迷蝶戀，垂涎三尺，熙來攘往沉醉在紫色的浪漫情懷。

槭葉牽牛。

3. 寶塔龍船花（圓錐大青）

　　唇形科海州常山屬**寶塔龍船花（圓錐大青）**，栽培種。常綠灌木，圓錐花序，頂生。偶見栽培於山野、庭院、公園綠美化景觀種植，是蝴蝶青睞有加的蜜源植物。花團錦簇，鮮紅奪目，饕口饞舌的蝶兒，紛至沓來，大快朵頤一番。

寶塔龍船花（圓錐大青）。

4. 大花咸豐草

　　菊科鬼針屬**大花咸豐草**，歸化種，是臺灣極具侵略性的植物，所向披靡到處都有牠的足跡。然而，牠們無時無刻綻放的花朵，卻是許多蜂蝶最愛的花蜜，在無形中剝奪了其他原生植物授粉繁衍的機會。

大花咸豐草。

5. 非洲鳳仙花

　　鳳仙花科鳳仙花屬**非洲鳳仙花**，栽培種＆歸化種。花妍繽紛，鮮明奪目；它的花朵具有長花距，花距內富含甜美蜜汁，讓蝴蝶或擁有長口器的昆蟲家族，無法抗拒它的魅力，爭相探訪而飽食一餐。為廣泛栽種於花壇、庭園、景觀、盆栽之蜜源植物。

非洲鳳仙花。

6. 繁星花（五星花）

　　茜草科五星花屬**繁星花（五星花）**生性強健，耐旱耐熱。花冠5裂成星形，小花繁盛聚似花球，宛若點點繁星，故稱「繁星花」。是一種蝶園中常見的蜜源植物。花色多樣，有紅、有白、粉、紫等，五顏六色聚植一起，絢麗多彩，星光熠熠，目不轉睛。花飛蝶舞，珍饈美饌，令食客渾然忘我。

繁星花。

7. 馬纓丹

馬纓丹花枝。

　　馬鞭草科馬纓丹屬**馬纓丹**，栽培種＆歸化種。花色鮮艷繽紛，有紅、黃、橙、白色等多種品系。百花齊放，繁花盛宴，可讓採蜜蟲媒，盡情飽餐一頓。因此，成為人工蝴蝶園最常栽種的蜜源植物。

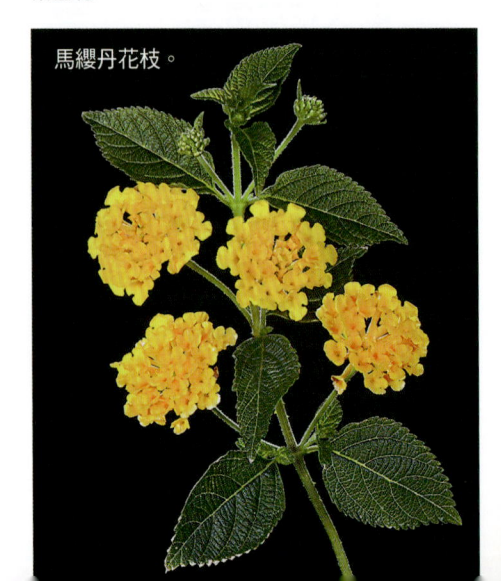

8. 金露花

　　馬鞭草科金露花屬**金露花**，栽培種。常綠性灌木，花姿優美似蕾絲，花香悠遠引蜂蝶。它是社區花圃、公園常見的景觀、綠籬或盆栽植物，也是許多蜂蝶最愛的蜜源植物。

金露花。

9. 九重葛

　　紫茉莉科九重葛屬**九重葛**，栽培種＆歸化種。晨光斜照，清風吹拂，滿牆串串風鈴，搖曳生姿。花非花，看似豔麗薄如紙的花瓣是苞片，由葉子所變異而來。中央的長筒狀構造是由萼片合生形成的花萼筒。內有蜜源，蝶兒便是由大而美艷的苞片所誘前來覓食。花小，苞片顏色多樣，有桃紅色、有紅色、粉紅、粉白、白、橙黃、紫等五顏六色品系。

九重葛。

九重葛苞片紅紫色，花萼筒淺黃色，徑約 7.5mm。

聖誕紅。

10. 聖誕紅

　　大戟科大戟屬**聖誕紅**，栽培種。常綠灌木，具有乳汁液。紅情綠意，燦爛奪目，黃色蜜杯內有蜜源，蝶兒情不自禁投送懷抱，便是由嬌艷俏麗的大苞片所誘前來覓食。花非花，看似紅艷欲滴的花瓣是苞片，苞片顏色多樣，有桃紅色、有紅色、粉紅、乳白、淺黃等品系。

10種原生種蜜源植物

1. 九芎

　　千屈菜科紫薇屬**九芎**，原生種。落葉性喬木，樹皮具剝落性，故枝幹光滑，小花白色，不可勝數，繁花似錦。每當花季怒放時，小花朵朵裝滿蜜露；金龜子、天牛、蜂蝶等昆蟲，不期而遇邂逅於此，享受自然的饗宴。

九芎／生態照。

2. 田代氏澤蘭

　　菊科澤蘭屬**田代氏澤蘭**，原生種。花冠因富含有毒生物鹼，特別受斑蝶類的雄蝶所青睞，雄蝶食花蜜後便有自身的化學防禦物質，亦是合成性費洛蒙的重要物質。在山林野徑、岩壁上，常可瞧見斑蝶類駐足覓食，久久不忍離去。

田代氏澤蘭。

3. 冇骨消

　　五福花科接骨木屬**冇骨消**，原生種。灌木狀草本植物，每當白色的朵朵小花綻開，上有不計其數的黃色或紅色杯狀蜜腺，盛饌蜜露，花香四溢。大自然的蟲、蝶、蜂等食客熙來攘往，絡繹不絕，品嚐著花朵特釀的杯杯馨香。

冇骨消。

4. 虎葛（烏斂莓）

　　葡萄科虎葛屬**虎葛（烏斂莓）**，原生種。藤本植物，小花其貌不揚，數不勝數，朵朵裝滿蜜露，饕餮食客接踵而至，尋踪覓食。是各種小型蝶類或昆蟲的蜜源植物。

虎葛（烏斂莓）。

老荊藤（網絡夏藤、江西崖豆藤）生態照。

5. 老荊藤（網絡夏藤、江西崖豆藤）

　　豆科夏藤屬**老荊藤（網絡夏藤、江西崖豆藤）**，原生種。是臺灣曠野山林常見的藤本植物，花冠蝶形，串串的紫花散放著款款深情，讓蝶兒沉浸在詩意情懷中享受美食。它的葉片和花朵、花蜜都被蝴蝶的幼蟲、成蝶所食用。情真意摯，鞠躬盡瘁，全獻給蝴蝶家族。

6. 黃花酢漿草

　　酢醬草科酢醬草屬**黃花酢漿草**，原生種。俯拾即是的低矮草本植物，或牆縫、或街角、碧草如茵公園、果園農田、羊腸小徑皆屢見不鮮。天緣奇遇時，還可與藍灰蝶（酢漿灰蝶）不期而遇。酢漿草是沖繩小灰蝶幼蟲的食草，亦是各種小型蝶類的蜜源植物。

黃花酢漿草。

臭娘子／花枝。

7. 臭娘子

　　唇形科魚臭木屬**臭娘子**，原生種。灌木或喬木，海岸型植物。植物體具有特殊的化學氣味。然而，當小花百花盛開，冰清玉潔，花枝招展，散放出獨特的味道，特別吸引金龜子、蜂、蠅、蝴蝶、甲蟲等昆蟲前來吸食蜜汁。在生態食物鏈中具生態價值。

8. 三葉埔姜（三葉蔓荊）

　　唇形科牡荊屬**三葉埔姜（三葉蔓荊）**，原生種。是許多蜂蝶蠅蛾的蜜源植物，小花多、花期長，在盛放時節，食客總是絡繹不絕的爭相採食花蜜。本種分布狹隘，野生族群數量不多，目前僅記錄「苗栗後龍中港溪口、臺中大安與彰化大肚溪口」地區。臺灣紅皮書：易危 NVU 物種。

三葉埔姜的花淺紫色，花寬約 8mm。

三葉埔姜／花枝。

三葉埔姜。

狗花椒。

9. 狗花椒

　　芸香科花椒屬**狗花椒**，原生種。坐看雲卷雲舒，望蜂飛蝶舞，花綻放在 7~9 月，小花百花盛開，素雅超脫，芬芳清香，提供給盛夏的蝶類飽餐一頓。野生族群全臺僅分布於大肚山至北八卦山山脈，全株具銳刺，常被伐棄，野生族群數量寥若晨星，日漸稀少。臺灣紅皮書：易危 NVU 物種。

10. 阿里山忍冬

　　忍冬科忍冬屬**阿里山忍冬**，原生種。家住在臺灣中海拔山區，花初開白色漸轉為金黃色。娉婷婉約的丰姿，欲語還羞的容顏，選擇綻放在盛夏時節。提供了美味花蜜給蝶兒們享用，伴隨幾縷山風和一望無垠山巒，真是享受啊！

阿里山忍冬／花枝。

3-3
有毒植物與蝴蝶幼蟲

　　有些植物會分泌有毒素的化學成分、乳汁液，來保護自己以避免滅絕，有毒的部位各異，有的全株有毒，有的是花、葉、果或種子。人類或動物倘若誤食、接觸或吸入體內後，會導致功能組織破壞、不適等症狀或甚至死亡，即稱之「有毒植物」。臺灣某些植物雖具有毒性，但蝴蝶幼蟲會食它的花、葉、果與嫩莖等柔軟組織，卻不會中毒死亡，反將毒素儲存在體內而增強禦敵作用，其中以斑蝶類最具代表性。

馬兜鈴科植物與鳳蝶

　　馬兜鈴科馬兜鈴屬**流蘇馬兜鈴、三裂葉馬兜鈴、漸尖葉馬兜鈴、馬兜鈴、彩花馬兜鈴、蜂窩馬兜鈴、巨花馬兜鈴、佛羅里達馬兜鈴、錦雞馬兜鈴、港口馬兜鈴**與關木通屬**瓜葉馬兜鈴、琉球馬兜鈴、柔毛馬兜鈴、八仙山馬兜鈴、臺灣馬兜鈴、裕榮馬兜鈴**等植物，它們的葉片與全株柔嫩莖組織可飼養**曙鳳蝶、麝鳳蝶、長尾麝鳳蝶、多姿麝鳳蝶、紅珠鳳蝶、珠光鳳蝶、黃裳鳳蝶**等蝴蝶的幼蟲。

瓜葉馬兜鈴（萼筒喉部褐色型）。

港口馬兜鈴。

八仙山馬兜鈴。

巨花馬兜鈴。

彩花馬兜鈴。

流蘇馬兜鈴／花與葉。

琉球馬兜鈴。

花紅褐色，萼筒裂片上2枚向前內凹，下枚寬大（長12mm X 寬14mm）。

紅珠鳳蝶雌蝶♀吸食金銀花花蜜。

馬兜鈴／未熟果，卵球形，長約 25mm，徑約 20mm，平滑無毛，具 6 淺稜。果柄長約 27mm，平滑無毛。

馬兜鈴／花萼口長 15mm，寬約 14mm，具約 17 mm 橄欖黃舌片。

未熟果

左圖：臺灣馬兜鈴（萼筒喉部褐色型）。右圖：紅珠鳳蝶 4 齡幼蟲，體長約 24mm，正食臺灣馬兜鈴的花。

左圖：裕榮馬兜鈴。右圖：麝鳳蝶 5 齡幼蟲，體長約 38mm，棲息於裕榮馬兜鈴葉背。

①_ 三裂葉馬兜鈴／生態照。多年生常綠纏繞性藤本植物，全株平滑無毛。原產於中、南美洲。

②_ 花單一，腋生。花萼筒管狀 U 形，黃綠色，分布暗紅色斑紋。花管基半部壺部膨大橢圓狀，長 35~40mm，徑 20~25mm。先端開口寬 18~20 mm，具 100~120 mm 長舌片狀線形附屬物。花梗長 70~80 mm。

花多數，總狀花序，腋生。先端開口長漏斗狀，長約 37mm，寬約 22mm，密生淺黃白色直立絨毛。花管暗紅褐色 U 形狀，管外具光澤被疏毛。子房柄暗紅褐色，長 33~43mm，具 6 圓弧狀縱稜。

佛州馬兜鈴（佛羅里馬兜鈴）／生態照。多年生常綠纏繞性藤本植物。原產於中、南美洲。

夾竹桃科植物與斑蝶

1. 爬森藤與大白斑蝶、綠島大白斑蝶

　　夾竹桃科爬森藤屬**爬森藤**，原生種植物，花是蜜源植物。它的葉片與全株柔嫩莖組織可飼養**大白斑蝶（大笨蝶）、綠島大白斑蝶**的幼蟲。

爬森藤。

大白斑蝶 4 齡幼蟲蛻皮成 5 齡時體長約 34mm。

綠島大白斑蝶 5 齡幼蟲，體長約 40mm。

2. 小錦蘭、絡石與異紋紫斑蝶

夾竹桃科**小錦蘭、大錦蘭、爬森藤、臺灣絡石、細梗絡石、絡石、蘭嶼絡石**等植物的葉片與全株柔嫩莖組織可飼養**異紋紫斑蝶（端紫斑蝶）**的幼蟲。

左圖：小錦蘭。右圖：異紋紫斑蝶 4 眠幼蟲，體長 26mm。

左圖：細梗絡石。右圖：異紋紫斑蝶 5 齡幼蟲，體長約 45mm。

左圖：蘭嶼絡石。右圖：異紋紫斑蝶交配（上♂下♀）。

蘿藦亞科植物與斑蝶

1. 馬利筋與金斑蝶、圓翅紫斑蝶、異紋紫斑蝶

　　蘿藦亞科馬利筋屬**馬利筋（尖尾鳳）**、**黃冠馬利筋**是常見的栽培種與歸化種植物。全株柔軟組織可飼養**金斑蝶（樺斑蝶）、帝王斑蝶、圓翅紫斑蝶、異紋紫斑蝶**的蝴蝶幼蟲。蟲蟲吃了這些有毒植物，反將毒素儲存在體內而增強禦敵作用，不畏懼天敵捕食。

———

① 金斑蝶 5 齡幼蟲（終齡），體長約 36mm。
② 金斑蝶雄蝶♂吸食馬利筋花蜜。

馬利筋。

黃冠馬利筋。

2. 武靴藤與斯氏紫斑蝶

　　蘿藦亞科武靴藤屬**武靴藤**為原生種植物，具有白色乳汁。它的花、葉與全株柔嫩莖組織可飼養**斯氏紫斑蝶**的幼蟲。

左圖：武靴藤。右圖：斯氏紫斑蝶（雙標紫斑蝶）5 齡幼蟲正在咬食武靴藤葉片。

3. 催吐白前屬、牛皮消屬與斑蝶類

蘿藦亞科催吐白前屬鷗蔓、海島鷗蔓、呂氏鷗蔓（山鷗蔓）、疏花鷗蔓、蘇氏鷗蔓、臺灣鷗蔓、裕榮鷗蔓等植物，花、葉片與全株柔嫩莖組織可飼養旖斑蝶、斯氏絹斑蝶（小青斑蝶）、絹斑蝶（姬小紋青斑蝶）的蝴蝶幼蟲。再者，毛白前、山白前、疏花鷗蔓、柳葉白前、臺灣鷗蔓和牛皮消屬的牛皮消（白薇）、也可飼養金斑蝶（樺斑蝶）的幼蟲。

海島鷗蔓。

蘇氏鷗蔓。

鷗蔓（黃底紅花型）。

旖斑蝶 4 齡幼蟲，體長 19mm。

絹斑蝶 3 齡幼蟲，體長約 9mm。

毛白前。

牛皮消。

金斑蝶 4 齡幼蟲食牛皮消。

絹斑蝶雄蝶♂吸食馬利筋花蜜。

4. 牛皮消屬與虎斑蝶

　　蘿藦亞科牛皮消屬**薄葉牛皮消、臺灣牛皮消、蘭嶼牛皮消**的葉片與全株柔嫩莖組織可飼養**虎斑蝶（黑脈樺斑蝶）**的幼蟲。

左圖：臺灣牛皮消。右圖：虎斑蝶 5 齡幼蟲，體長約 33mm，棲息於蘭嶼牛皮消葉背。

5. 華他卡藤與淡紋青斑蝶

　　蘿藦亞科華他卡藤屬**華他卡藤**，原生種。它的葉片與全株柔嫩莖組織可飼養**淡紋青斑蝶**的幼蟲。

左圖：華他卡藤。右圖：淡紋青斑蝶 5 齡幼蟲咬傷嫩莖垂懸而棲息，體長 45mm。

6. 臺灣牛嬭菜與大絹斑蝶

蘿藦亞科牛嬭菜屬**臺灣牛嬭菜**，原生種。葉片與嫩莖可飼養**大絹斑蝶（青斑蝶）**的幼蟲。

牛嬭菜未熟果枝葉照。

大絹斑蝶 5 齡幼蟲，體長約 29 mm，正吃葉片。

大絹斑蝶雌蝶♀吸食花蜜。

其他有毒植物

1. 臺灣魚藤與灰蝶、弄蝶

豆科**臺灣魚藤（蕗藤）**，原生種，根部及莖部富含魚藤酮毒素。臺灣魚藤雖然有毒，但是**靛色琉灰蝶、銀灰蝶、臺灣銀灰蝶、雅波灰蝶**食用它的新芽、新葉與花苞，而**鐵色絨弄蝶、圓翅絨弄蝶、雙尾蝶**的幼蟲食用它的葉片與嫩莖，皆不會中毒死亡，大自然真是奇妙。

臺灣魚藤。

毛魚藤（歸化種）。

靛色琉灰蝶 4 齡幼蟲背面，體長約 9mm。 　　鐵色絨弄蝶 5 齡幼蟲，體長約 46 mm。 　　鐵色絨弄蝶雄蝶 ♂ 吸食馬纓丹花蜜。

2. 望江南與細波遷粉蝶

　　豆科決明屬**望江南**，歸化種，全株有毒。葉片可飼養**細波遷粉蝶（水青粉蝶）**的幼蟲。

---

① 細波遷粉蝶 4 齡幼蟲，體長約 21mm 和 3 齡幼蟲，體長約 14mm。
② 波遷粉蝶交配（上♀下♂）。

望江南。

3. 大葉合歡與亮色黃蝶、黃蝶、密紋波灰蝶、波灰蝶

　　豆科蘇木亞科合歡屬**大葉合歡**，歸化種，種子和嫩莢果有毒。葉片可飼養**亮色黃蝶（臺灣黃蝶）、黃蝶（荷氏黃蝶）**，花、花苞等柔軟組織可飼養**密紋波灰蝶、波灰蝶**的幼蟲。

①_ 大葉合歡。②_ 密紋波灰蝶雄蝶♂用口器在啜毛。③_ 亮色黃蝶雌蝶♀。

4. 臺灣魚木與粉蝶

　　山柑科山柑屬**臺灣魚木（魚木）**，原生種，樹皮和果實具有毒性。葉片可飼養**異色尖粉蝶、鑲邊尖粉蝶、纖粉蝶（阿飄蝶）、橙端粉蝶、緣點白粉蝶、白粉蝶（紋白蝶）**的幼蟲。另外一種栽培種**加羅林魚木**亦同食性。

①_ 臺灣魚木。②_ 加羅林魚木。③_ 橙端粉蝶 5 齡幼蟲（終齡），體長約 50mm。

左圖：異色尖粉蝶 5 齡幼蟲，體長約 40mm（P 形）。
右圖：異色尖粉蝶 5 齡幼蟲，體長約 40mm（K 形）。

左圖：鑲邊尖粉蝶 3 齡幼蟲，體長 10mm，棲息於魚木葉表（3 形）。右圖：鑲邊尖粉蝶 5 齡幼蟲，體長 27mm（綠與紅色型），以魚木為食（P 形）。

5. 篦麻、紅篦麻與波蛺蝶

　　大戟科蓖麻屬篦麻、紅篦麻，歸化種，全株有毒。葉片可飼養波蛺蝶（篦麻蝶、樺蛺蝶）的幼蟲。

紅篦麻。

波蛺蝶 5 齡幼蟲，體長約 26mm，棲於紅篦麻。　　波蛺蝶雄蝶♂覓食。

6. 蘇鐵與蘇鐵綺灰蝶

　　蘇鐵科蘇鐵屬蘇鐵，裸子植物，栽培種，種子有毒。嫩葉、嫩芽等柔軟組織可飼養靛色琉灰蝶、蘇鐵綺灰蝶的幼蟲。

左圖：蘇鐵。右圖：蘇鐵綺灰蝶 4 齡幼蟲，體長 11~14mm，體色有紅、黃、綠、咖啡色等不同顏色。

7. 酢漿草與藍灰蝶

　　酢漿草科酢漿草屬**酢漿草（黃花酢漿草）**，原生種，全株有毒，具有草酸，人不宜大量食用。葉片可飼養**藍灰蝶（沖繩小灰蝶、酢漿灰蝶）**的幼蟲。

黃花酢漿草。　　　　　　　　　　　　藍灰蝶雌蝶♀。

8. 馬纓丹與迷你藍灰蝶

　　馬鞭草科馬纓丹屬**馬纓丹**，歸化種，校園常見植物，枝葉與未熟果有毒。花、花苞與未熟果等柔軟組織可飼養**迷你藍灰蝶（迷你小灰蝶）**的幼蟲。

馬纓丹。　　迷你藍灰蝶雄蝶♂吸水。

3-4
有毒生物鹼植物與斑蝶

在植物界裡,有不少植物體含有生物鹼,為植物抵禦昆蟲的一種天然毒素,大部分的生物鹼對人體有毒性反應,但嗜食有毒植物的斑蝶類卻是情有獨鍾。其花蜜富含有毒「生物鹼 Pas」,斑蝶吸食後可轉化成禦敵作用,也是雄斑蝶合成性費洛蒙的重要化學物質,促使性成熟,吸引雌蝶與其交配。

臺灣斑蝶類常見食用的有:豆科的**凹葉野百合(吊裙草)、大豬屎豆**,菊科的**光冠水菊、白鳳菜**,**高士佛澤蘭、島田氏澤蘭**等澤蘭屬,紫草科的**白水木、冷飯藤**,天芹菜科的**狗尾草(耳鉤草)**等多種植物。許多人工蝴蝶園或農場會栽植為重要的誘蝶植物,以此法營造出花開蝶滿枝的成功復育蝴蝶景象。

花冠淺黃色,寬約4mm。

冷飯藤。

狗尾草（耳鉤草）。

光冠水菊。

島田氏澤蘭。

白水木：花蜜和乾枯的枝條皆會吸食。

淡紋青斑蝶雄蝶♂群聚吸食大豬屎豆的花果汁液。

淡紋青斑蝶群聚的雄蝶♂1天啜上百次以上的花朵和花苞，啜幾天後，花會有被刻傷的有趣畫面。

金斑蝶（樺斑蝶）雄蝶♂吸食高士佛澤蘭花蜜。

絹斑蝶（姬小紋青斑蝶）雄蝶♂吸食高士佛澤蘭花蜜。

虎斑蝶（黑脈樺斑蝶）雄蝶♂吸食高士佛澤蘭花蜜。

第 3 章 蝴蝶與食物 | 221

① _ 圓翅紫斑蝶雄蝶♂吸食高士佛澤蘭花蜜。
② _ 斯氏紫斑蝶雄蝶♂吸食含有生物鹼植物花蜜。
③ _ 小紫斑蝶雄蝶♂吸食高士佛澤蘭花蜜。
④ _ 大絹斑蝶（青斑蝶）雄蝶♂吸食高士佛澤蘭花蜜。
⑤ _ 斯氏絹斑蝶（小青斑蝶）雌蝶♀吸食白鳳菜花蜜。
⑥ _ 斯氏絹斑蝶（小青斑蝶）雄蝶♂吸食高士佛澤蘭花蜜。

旒斑蝶（琉球青斑蝶）雄蝶♂吸食高士佛澤蘭花蜜。

綠島大白斑蝶雄蝶♂吸食高士佛澤蘭花蜜。

圓翅紫斑蝶雌蝶♀吸食高士佛澤蘭花蜜。

異紋紫斑蝶（端紫斑蝶）雌蝶♀。少數雌蝶也會吸食澤蘭屬植物。

小紋青斑蝶雌蝶♀吸食高士佛澤蘭花蜜。

3-5
愛吃農作物的蝴蝶幼蟲

　　十字花科的植物不僅是餐桌上常見的蔬菜，也是緣點白粉蝶和白粉蝶的幼蟲食草。在菜園、農田裡，常可瞧見一隻隻翠綠的蟲蟲，正在蔬菜上大快朵頤，牠們便是白粉蝶的幼蟲，俗稱「菜蟲」。尤其是沒有噴灑農藥的菜園裡，往往把整株蔬菜啃食得千瘡百孔，讓農民欲哭無淚。以下就一一介紹，我們日常生活中，常會遇到蝴蝶的蔬菜。

1. 十字花科蔬菜與白粉蝶、緣點白粉蝶

　　十字花科**高麗菜、芥藍菜、花椰菜、油菜、小白菜、蘿蔔、結頭菜**等，是常見於田園的農作物或路旁的野草，它們的葉片是**白粉蝶（紋白蝶）**與**緣點白粉蝶（臺灣紋白蝶）**幼蟲喜愛吃的植物。

芥藍菜

小白菜

蘿蔔

結頭菜

白粉蝶 5 齡幼蟲，體長 28mm。

白粉蝶幼蟲危害花椰菜。

油菜。 　　　高麗菜。 　　緣點白粉蝶 5 齡幼蟲。　　緣點白粉蝶（交配）。

2. 赤道櫻草與青眼蛺蝶、幻蛺蝶、雌擬幻蛺蝶和迷你藍灰蝶

爵床科十萬錯屬**赤道櫻草**是 1976 年臺灣所記錄之歸化植物，近年來被推廣為蔬菜。**青眼蛺蝶、幻蛺蝶（琉球紫蛺蝶）和雌擬幻蛺蝶（雌紅紫蛺蝶）**的幼蟲以葉片為食。**迷你藍灰蝶（迷你小灰蝶）**的幼蟲以花苞、未熟果為食。

雌擬幻蛺蝶雌蝶♀吸食花蜜。 　　赤道櫻草（花黃色型）。 　　赤道櫻草。

幻蛺蝶 4 齡幼蟲，體長 35mm。 　　迷你藍灰蝶 4 齡幼蟲，體長約 8.4 mm 與蛹。 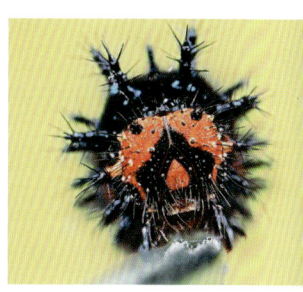　　青眼蛺蝶 5 齡幼蟲大頭照。

225

鼠麴草。　　　　　　　　　　　　小紅蛺蝶雄蝶♂吸食花蜜。

3. 艾、鼠麴草與小紅蛺蝶

　　菊科的**艾**、**鼠麴草**是田野、山林小徑常見的原生種植物。葉片是製作「草仔粿」的材料，**小紅蛺蝶**的幼蟲以葉片為食。

4. 空心菜、甘藷與幻蛺蝶

　　旋花科牽牛花屬**空心菜**、**甘藷**，歸化種。是人類生活中常見的美味蔬菜，**幻蛺蝶（琉球紫蛺蝶）**幼蟲也喜愛吃它們的葉片。

空心菜，花期 11~12 月。　　甘藷。　　　　　　　幻蛺蝶雄蝶♂覓食（白帶型）。

5. 土肉桂與鳳蝶、臺灣瑟弄蝶

　　樟科樟屬**土肉桂**是臺灣特有種，葉片富含肉桂醛，可沖泡茶飲或香料用途。葉片可飼養**斑鳳蝶**、**青鳳蝶**、**寬帶青鳳蝶**、**劍鳳蝶**、**臺灣瑟弄蝶（大黑星弄蝶）**的幼蟲。

土肉桂。

臺灣瑟弄蝶 5 齡幼蟲，體長 33mm。

6. 竹與蛺蝶和弄蝶

　　臺灣的竹類約近百種，常見的 6 大經濟竹子有**麻竹、綠竹、孟宗竹、桂竹、刺竹、長枝竹**等，葉片可飼養**方環蝶、曲紋黛眼蝶、長紋黛眼蝶（玉帶蔭蝶）、褐翅蔭眼蝶、臺灣斑眼蝶（白條蔭蝶）、箭環蝶、竹橙斑弄蝶**等蝴蝶的幼蟲。

麻竹。

長枝竹。

臺灣斑眼蝶雌蝶♀。

竹橙斑弄蝶雄蝶♂吸水。

長紋黛眼蝶雌蝶♀覓食。

長紋黛眼蝶5齡幼蟲（終齡），體長約 28mm。

227

豌豆。

細灰蝶交配（左♀右♂）。

7.豆類與灰蝶、豆環蛺蝶

　　豆科**鵲豆、萊豆、菜豆、豌豆**是農民常見栽培的農作物。**雅波灰蝶、豆波灰蝶、細灰蝶（角紋小灰蝶）**的幼蟲，會以其花、花苞與未熟果為食。**豆環蛺蝶**的幼蟲會以成熟葉片為食。

8. 龍眼、荔枝與玳灰蝶、小鑽灰蝶、靛色琉灰蝶

　　無患子科**龍眼、荔枝**是農民廣泛栽種的經濟水果，但時而噴灑農藥。所幸淺山地野生龍眼樹常見，花亦蜜源，其果肉與種子可飼養**玳灰蝶**，花、花苞與嫩葉可飼養**鑽灰蝶、小鑽灰蝶、靛色琉灰蝶**的幼蟲。全株的花葉果皆被蝴蝶物盡其用。

① 龍眼。
② 荔枝。
③ 玳灰蝶4齡幼蟲，體長約17mm。
④ 小鑽灰蝶4齡幼蟲，體長約16mm。
⑤ 靛色琉灰蝶2齡幼蟲，體長約3.3mm，躲藏在龍眼新芽葉背。

9. 食茱萸與鳳蝶、弄蝶

　　芸香科花椒屬**食茱萸**，原生種，將葉片上的刺移除，可與蛋烹煮成美味佳餚。葉片可飼養**穹翠鳳蝶（臺灣烏鴉鳳蝶）、翠鳳蝶（烏鴉鳳蝶）、雙環翠鳳蝶、柑橘鳳蝶、臺灣颯弄蝶、小紋颯弄蝶**等 10 多種蝴蝶的幼蟲，花亦是蜜源，可謂寶樹。

食茱萸。

穹翠鳳蝶 5 齡幼蟲，體長約 35mm。

翠鳳蝶 5 齡幼蟲伸出黃色臭角，體長約 35 mm。

小紋颯弄蝶 2 齡幼蟲背面，體長 6mm。

10. 柑橘類與鳳蝶

　　芸香科**四季橘、檸檬、柚、椪柑、茂谷柑**等柑橘類果樹，是農民常見栽培的農作物。葉片可飼養**大鳳蝶、玉帶鳳蝶、黑鳳蝶、柑橘鳳蝶、大白紋鳳蝶、無尾鳳蝶**等近 10 種蝴蝶的幼蟲為食。

柚子（文旦）。

① 黑鳳蝶 5 齡幼蟲，終齡初期，體長約 29mm。
② 花鳳蝶（無尾鳳蝶）5 齡幼蟲聚集。

11. 稻與弄蝶、暮眼蝶

禾本科稻屬**稻**是農民重要的經濟作物、米食文化，也喻意成熟越飽滿的稻穗，頭垂得越低而謙恭有禮人生哲理。葉片可飼養**禾弄蝶、暮眼蝶、森林暮眼蝶、小稻弄蝶、尖翅褐弄蝶、稻弄蝶**等蝴蝶的幼蟲為食。然則農民往往噴灑農藥防治病蟲害。故此，田之稻葉勿採擷養蟲，以防患未然。

水稻。

暮眼蝶 5 齡幼蟲，體長 36mm。

12. 兔尾草與豆環蛺蝶

豆科兔尾草屬**兔尾草（狗尾草）**，原生種，中部大肚山至名間鄉有大面積廣植，做為藥膳材料。花季時，浪漫的粉紫色花序，在雲淡風輕花海中，串串搖曳生姿婆娑起舞，閒情逸致，悠然自得。葉片可飼養**豆環蛺蝶**的幼蟲。

兔尾草。

豆環蛺蝶 4 齡幼蟲，體長約 15 mm。

豆環蛺蝶雌蝶♀。

13. 蘭花與蘭灰蝶

　　幽蘭生空谷，馥馥芬香飄。翩蝶慕鍾情，雅士獨垂憐。蘭科**蝴蝶蘭、天宮石斛、櫻石斛、黃吊蘭**等花中君子，高潔典雅，千姿百態，它的花、花苞等柔軟組織為**蘭灰蝶**的幼蟲食物。

蝴蝶蘭（栽培種）。

蘭灰蝶 4 齡幼蟲，體長約 10mm，食蝴蝶蘭花瓣。

天宮石斛（栽培種）。

櫻石斛生態照，花寬 5 公分，原生種。

蘭灰蝶雌蝶♀吸食爵床花蜜。

釋迦的果枝。

翠斑青鳳蝶 5 齡幼蟲，體長約 50mm，食釋迦葉片。

木蘭青鳳蝶 3 齡幼蟲，體長約 12mm，食釋迦葉片。

14. 釋迦與翠斑青鳳蝶、木蘭青鳳蝶

　　番荔枝科番荔枝屬**釋迦（番荔枝）**、**鳳梨釋迦**是農民廣泛栽種作物。果肉口感綿密，津津有味。釋迦因果實外觀酷似釋迦牟尼佛頭飾物，故稱「釋迦」。又因原產於熱帶美洲自異國番邦引入，果表的外觀模樣頗似荔枝，也稱「番荔枝」。葉片可飼養**翠斑青鳳蝶、木蘭青鳳蝶**的幼蟲。另外，樟科酪梨屬**酪梨**葉片也可飼養**綠斑鳳蝶**幼蟲。

15. 香蕉、芭蕉與香蕉弄蝶

　　芭蕉科芭蕉屬**香蕉、芭蕉**是農夫廣植之莊稼，昔時榮顯香蕉王國美譽。肉質香氣濃郁，口感 Q 甜，富含膳食纖維，是人類重要之水果。葉片可飼養**香蕉弄蝶**的幼蟲。

香蕉弄蝶 4 齡幼蟲，體長約 28mm，正在吐絲造巢。

香蕉。

土芒果。

16. 芒果與芒果蝶、小鑽灰蝶、鑽灰蝶

　　漆樹科檬果屬**芒果（檬果）**是農夫廣植之莊稼。果肉美味可口，甜香襲人，餘韻無窮，讓人垂涎欲滴；被譽為「熱帶水果之王」。葉片可飼養**芒果蝶（尖翅翠蛺蝶）**的幼蟲為食。嫩芽、花苞與未熟果等柔軟組織可飼養**小鑽灰蝶、鑽灰蝶**的幼蟲。

① _ 芒果蝶終齡幼蟲，體長53mm。
② _ 芒果蝶雌蝶♀覓食。
③ _ 小鑽灰蝶雌蝶♀吸食有骨消蜜露。

233

17. 檳榔與藍紋鋸眼蝶、黑星弄蝶

棕櫚科檳榔屬**檳榔**,栽培種＆歸化種。檳榔子具有植物鹼,長期食用會誘發癌症前期病變,不宜多食。葉片可飼養**藍紋鋸眼蝶(紫蛇目蝶)、黑星弄蝶**的幼蟲。

檳榔（南投）。

藍紋鋸眼蝶 5 齡幼蟲（終齡）,體長約 38mm。

18. 檀香與豔粉蝶

檀香科檀香屬**檀香**,歸化種＆栽培種經濟作物。用於製作精油、香料的材料或雕刻藝術、宗教等用途。它的葉片可飼養**豔粉蝶(紅肩粉蝶)**的幼蟲。

檀香。

豔粉蝶 3 齡幼蟲,體長 10~11mm。

19. 甘蔗與弄蝶

禾本科甘蔗屬**白甘蔗、紅甘蔗**，栽培種經濟作物。可直接食用或榨汁飲用，製糖、料理等多用途，是種汁多味美的好水果。葉片可飼養**熱帶橙斑弄蝶、禾弄蝶、小稻弄蝶、白斑弄蝶、巨褐弄蝶**等多種弄蝶的幼蟲。

彰化芳苑鄉一望無際的蔗田是熱帶橙斑弄蝶的重要棲息地（白甘蔗）。

① 熱帶橙斑弄蝶 5 齡幼蟲，體長約 27mm。
② 熱帶橙斑弄蝶雄蝶♂吸食大花咸豐草。

20. 黃皮果與大鳳蝶

芸香科黃皮屬**黃皮果**，栽培種。果實可食，生食、煮熟都美味，是熱帶及亞熱帶地區水果。葉片可飼養**大鳳蝶**的幼蟲。

大鳳蝶 4 齡幼蟲，體長 26mm 與 30 mm。

黃皮果的果枝。

21. 無患子與灰蝶

　　無患子科無患子屬**無患子**，原生種。果皮含有皂素，用水搓揉便會產生泡沫可用於洗滌，為天然清潔劑。葉片可飼養**臺灣灑灰蝶**的幼蟲。嫩芽、花苞與未熟果等柔軟組織可飼養**靛色琉灰蝶**、**小鑽灰蝶**、**燕灰蝶**的幼蟲為食。果肉、種子可供**玳灰蝶（龍眼灰蝶）**的幼蟲為食。幾乎全株都是寶的優良樹種。

無患子的果枝。

溪州公園內樹林一隅的無患子。

小鑽灰蝶 4 齡幼蟲（終齡），體長約 15mm。

臺灣灑灰蝶 4 齡幼蟲，體長 22mm，食無患子嫩葉。

燕灰蝶雄蝶♂覓食。

22. 茭白筍與弄蝶

　　禾本科菰屬**茭白筍（菰）**，栽培種（水生植物）經濟作物。夏秋之交，茭白筍田，阡陌萬巷，宛若棋盤。芳草鮮美，生氣勃勃，將農村田園寫照呈現的淋漓盡致。葉片可飼養**禾弄蝶、稻弄蝶、小稻弄蝶、巨褐弄蝶、暮眼蝶、熱帶橙斑弄蝶**等多種蝴蝶的幼蟲。

茭白筍。

禾弄蝶雌蝶♀吸食大花咸豐草。

金環蛺蝶5齡幼蟲，體長約22mm。

天賦異稟會造房子的幼蟲

何謂蟲巢

　　「蟲巢」顧名思義是幼蟲所居住的地方，通常幼蟲會以兩葉片重疊或單葉將葉片反摺，再反覆吐絲製成粗絲線，來黏固葉片遮陽擋雨。臺灣有些蛺蝶科、灰蝶科、弄蝶科的幼蟲，便有如此天賦異稟的特異造巢行為。蟲巢的功能宛如人類所住的房屋，可遮風擋雨、藏匿避敵或防衛各種天敵寄生、捕食等效用。依蝶種習性蟲巢造型而有所不同。

枯葉蟲巢

金環蛺蝶5齡幼蟲在藤相思樹枯葉堆上的蟲巢。

黃鉤蛺蝶5齡幼蟲在葎草葉片上的蟲巢。

打開葉片，可見黃鉤蛺蝶5齡幼蟲，體長30mm，棲於葉背。

大紅蛺蝶終齡在青苧麻葉片蟲巢內前蛹，呈現「J」形狀。 　　　　　　　流星蛺蝶 3 齡幼蟲與蟲座，體長 16mm。

臺灣黯弄蝶 5 齡幼蟲在臺灣矢竹葉片上的蟲巢。

臺灣黯弄蝶 5 齡幼蟲，體長約 39mm。

綠弄蝶 5 齡幼蟲（終齡），體長約 47mm。

圓翅絨弄蝶 5 齡幼蟲，體長約 35mm，在疏花魚藤葉片上的蟲巢。

橙翅傘弄蝶 5 齡幼蟲越冬，體長約 40mm。

橙翅傘弄蝶 5 齡幼蟲越冬時，在猿尾藤葉片所造之巢，蟲巢長約 60mm。

薑弄蝶 5 齡雄蟲，體長 43 mm，在月桃葉片上造巢。

竹橙斑弄蝶 5 齡雄蟲，體長約 25mm，在臺灣矢竹葉片上造巢。

238

埔里星弄蝶（埔里小黃紋弄蝶）3 齡幼蟲在臺灣馬藍葉片上的蟲巢，巢長 22mm。

白弄蝶 5 齡幼蟲（終齡），體長約 27 mm，築巢於高梁泡葉背。

臺灣瑟弄蝶終齡幼蟲在紅楠葉片上的蟲巢，巢長約 70mm，寬約 30mm。

玉帶弄蝶 1 齡幼蟲，體長約 2.8 mm，在日本薯蕷葉片上的蟲巢。

凹翅紫灰蝶的蛹巢。幼蟲會造巢，最後化蛹於垂懸的葉包狀巢內。

(左圖) 小紋颯弄蝶 3 齡幼蟲，在賊仔樹葉片上造巢。
(右圖) 打開葉片，可見小紋颯弄蝶 3 齡幼蟲，體長約 10 mm。

褐翅綠弄蝶 5 齡幼蟲，體長約 40mm，在臺灣清風藤葉片上的蟲巢。

3-6 雜食性

蝴蝶除了食花蜜外,有些會選擇以樹液、腐果、落果、死屍、動物排遺汁液(尿液、糞便)等汁液為食,牠們是一群自然的清道夫,野外常見的食客有蛺蝶類、弄蝶類、灰蝶類等部分蝴蝶。

1. 吸食動物排遺

有些喜愛吃動物排遺汁液(尿液、糞便)、小生物屍體的汁液,是初級消費昆蟲,人稱「自然的清道夫」。在大自然裡,要是沒有這一群自然清道夫,環境是會臭氣沖天的。

藍紋鋸眼蝶(紫蛇目蝶)雄蝶♂吸食死在溪床上的螃蟹屍體汁液。

2隻藍紋鋸眼蝶的雄蝶♂,正在吸食死在檳榔園路面上的蝸牛屍體汁液。

銀灰蝶雌蝶♀覓食動物糞便汁液。

雙尾蝶雄蝶♂覓食動物糞便汁液。

大紅蛺蝶雄蝶♂覓食動物糞便汁液。 　　　紫日灰蝶與深山黛眼蝶覓食動物糞便汁液。

2. 吸食腐果、鮮果、樹幹汁液

　　對蝴蝶而言，腐果汁液、樹液或甜果汁，是清香誘蝶、汁多美味的天然美食。特別是發酵又具果香的食物，往往吸到渾然忘我的境界。而要吸食樹汁，則需巧遇其他甲蟲或蜂類咬破樹皮滲出汁水後，才有機緣品嚐。

紅斑脈蛺蝶（紅星斑蛺蝶）吸食掉落地面的蓮霧腐果汁液。

枯葉蝶（左♂右♀）覓食落果汁液。

黯眼蛺蝶（黑擬蛺蝶）雌蝶♀吸食腐果汁液。

241

長紋黛眼蝶（左♀右♂）覓食樹液。 　　　　　　臺灣翠蛺蝶（臺灣綠蛺蝶）雌蝶♀覓食腐果汁液。

黃帶隱蛺蝶（黃帶枯葉蝶）雌蝶♀吸食鳳梨腐果汁液。 　瑙蛺蝶（雄紅三線蝶）雄蝶♂覓食落果汁液。

242　　　　嘉義眉眼蝶雌蝶♀覓食。 　　　　　密紋波眼蝶雌蝶♀覓食稜果榕落果。

1年1世代牛郎織女相會

蝴蝶的壽命短暫，時光如白駒過隙，有1年多世代蝶類，亦有1年僅1世代蝶類。1年1世代蝶種意指需花一年時間才能完成「卵→幼蟲→蛹→成蟲」整個生活史。1年1世代的蝶類，有以卵、幼蟲或蛹來度過漫長越夏或越冬的生活史。想要拍攝到牠們美麗的容顏姿影，只有眼穿腸斷，懸懸而望似牛郎織女相會。

以卵、蟲或蛹越冬的種類，因蝶種與溫溼度、環境而不盡相同。例如：1年1世代的斑鳳蝶、黃星斑鳳蝶的蛹期約8~9個月，從夏季結蛹要一直到翌年3~4月，才在蛹體內脫胎換骨成彩蝶。

1年多世代的蝶類，出現在春、夏、秋季的蝴蝶，通常蛹期約莫7~15日就會羽化成蝶。在盛夏高溫期的卵，甚至3~4日即孵化出幼蟲，有別於越冬卵百日之久。

以下列舉臺灣1年1世代的蝶種供參閱。

夸父璀灰蝶，卵白色，產於臺灣水青岡休眠芽。1年1世代，以卵期越冬。

黃星斑鳳蝶的蛹，長約27mm，外觀摹擬似枯枝來越冬，蛹期約8~9個月。1年1世代，成蝶於春季出現活動。

劍鳳蝶（升天鳳蝶）雄蝶♂展翅吸水。1年1世代，以蛹期越冬，成蝶於春季出現活動。

箭環蝶（環紋蝶）雌蝶♀覓食。1年1世代，成蝶於春、夏季出現活動。

斑鳳蝶雄蝶♂吸水。1年1世代，以蛹期越冬，成蝶於春季出現活動。

永澤蛇眼蝶雄蝶♂覓食，合歡山的高海拔蝶種。一年一世代，成蝶於7~10月出現活動。

243

窄帶翠蛺蝶雄蝶♂覓食。1年1世代，以幼蟲越冬，成蝶於夏、秋出現活動。

臺灣絹蛺蝶（黃頸蛺蝶）雌蝶♀。1年1世代，以蛹期越冬，成蝶於春、夏出現活動。

瑙蛺蝶（雄紅三線蝶）雄蝶♂。1年1世代，成蝶於夏、秋出現活動。

蓮花環蛺蝶（朝倉三線蝶）雌蝶♀覓食。1年1世代，以幼蟲越冬，成蝶於夏季出現活動。

瑙蛺蝶（雄紅三線蝶）6齡幼蟲，以幼蟲越冬。

鑲紋環蛺蝶（楚南三線蝶）雄蝶♂覓食。1年1世代，以幼蟲越冬，成蝶於夏季出現活動。

朗灰蝶（白小灰蝶）雄蝶♂。1年1世代，以卵越冬，成蝶於4~6月出現活動。

臺灣灑灰蝶雄蝶♂吸水。1年1世代，以卵越冬，成蝶於4~6月出現活動。

渡氏烏灰蝶雄蝶♂食大花咸豐草花蜜。1年1世代，以卵越冬，成蝶於5~8月出現活動。

臺灣窗弄蝶雌蝶♀。1年1世代，成蝶於春季出現活動。

尖灰蝶（Y紋灰蝶）3齡幼蟲隱藏在合歡新芽，體長約5.2mm。

雙帶弄蝶3齡幼蟲，體長約8mm。1年1世代，以幼蟲越冬，成蝶於5~8月出現活動。

埔里星弄蝶（埔里小黃紋弄蝶）3齡幼蟲，體長11mm。以幼蟲越冬，成蝶於春、夏季出現活動。

尖灰蝶雌蝶♀。1年1世代，以蛹期越冬，成蝶於春季出現活動。

基因異常，幼蟲黑白變

每種蝴蝶幼蟲在自然演化中，皆呈現截然不同的形體外貌與體色，來自我保護與防禦天敵的捕食。然而，在飼養蝶蟲中，有時會不經意接處到異常白化或黑化現象的蟲蟲。蝶蟲基因異常突變，而缺少黑色素或白色素或其他色素，顏色跟同類不同，有全白色、泛黑色、黃橙色、黑白條紋等變化。列舉下列是筆者在飼養過程中，所遇到的異常蟲蟲，不過這些蟲結蛹後，羽化出的蝶與本尊差異並不大，幼蟲的變異以在4或5齡時期較多見。

圓翅紫斑蝶5齡幼蟲，體長約35mm，蟲體色澤呈現黑化。

斯氏紫斑蝶5齡幼蟲，體長約54mm，蟲體色澤呈現白化。

翠鳳蝶5齡幼蟲，體內基因產生異常，蟲體色澤呈現黃橙色。

金斑蝶（樺斑蝶）4齡幼蟲，體長約19mm，蟲體色澤呈現白化。

綠島大白斑蝶4齡幼蟲，體長約32mm，與本尊多出了白環紋（白紋型）。

小紫斑蝶5齡幼蟲，體長約31mm，蟲體色澤呈現黑化。

小紫斑蝶5齡幼蟲，體長約34mm，蟲體色澤呈現白化。

第4章

飼養前準備

4-1
準備飼養工具

「工欲善其事,必先利其器。」飼養蝴蝶幼蟲時必須準備一些基本用具和知識,方能得心應手。下列是常見飼養蝴蝶幼蟲時會準備的用品:

放大鏡或布鏡:觀察卵粒與幼蟲身體構造等用途。

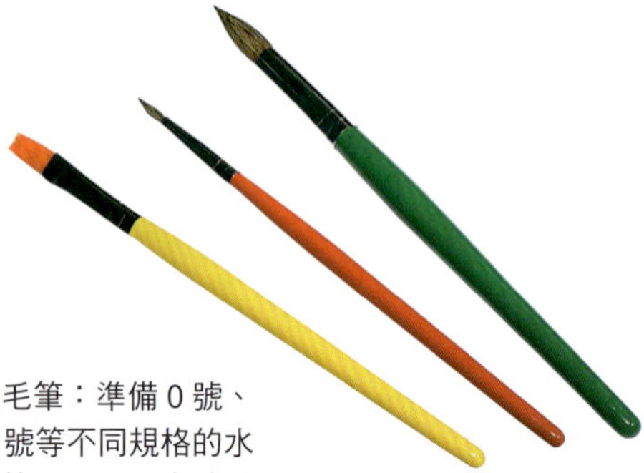

水彩筆或毛筆:準備 0 號、6 號、10 號等不同規格的水彩筆或毛筆各 1 支,來移動初齡幼蟲或清理蟲蟲糞便。初齡幼蟲嚴禁用手抓取,以免使力不當掐死幼蟲。

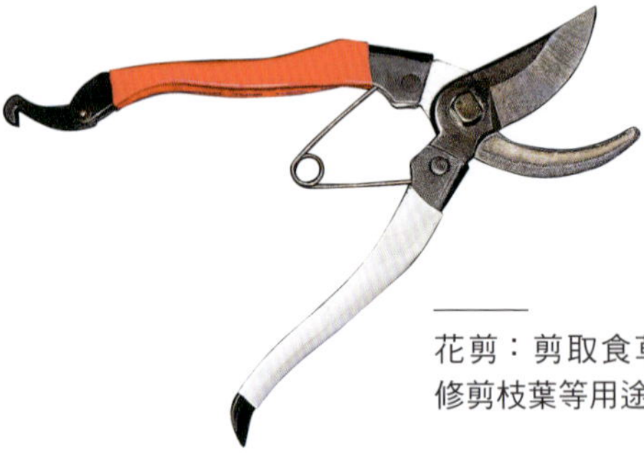

花剪:剪取食草枝條與修剪枝葉等用途。

鋁箔紙:將幼蟲食草基部包濕衛生紙,利用鋁箔紙包緊,如此可保鮮植物 1~2 日。

夾鍊袋和橡皮筋:包覆幼蟲食草,同鋁箔紙用途相同,可一次裝多枝枝葉。

衛生紙：清理容器與擦拭幼蟲食草。

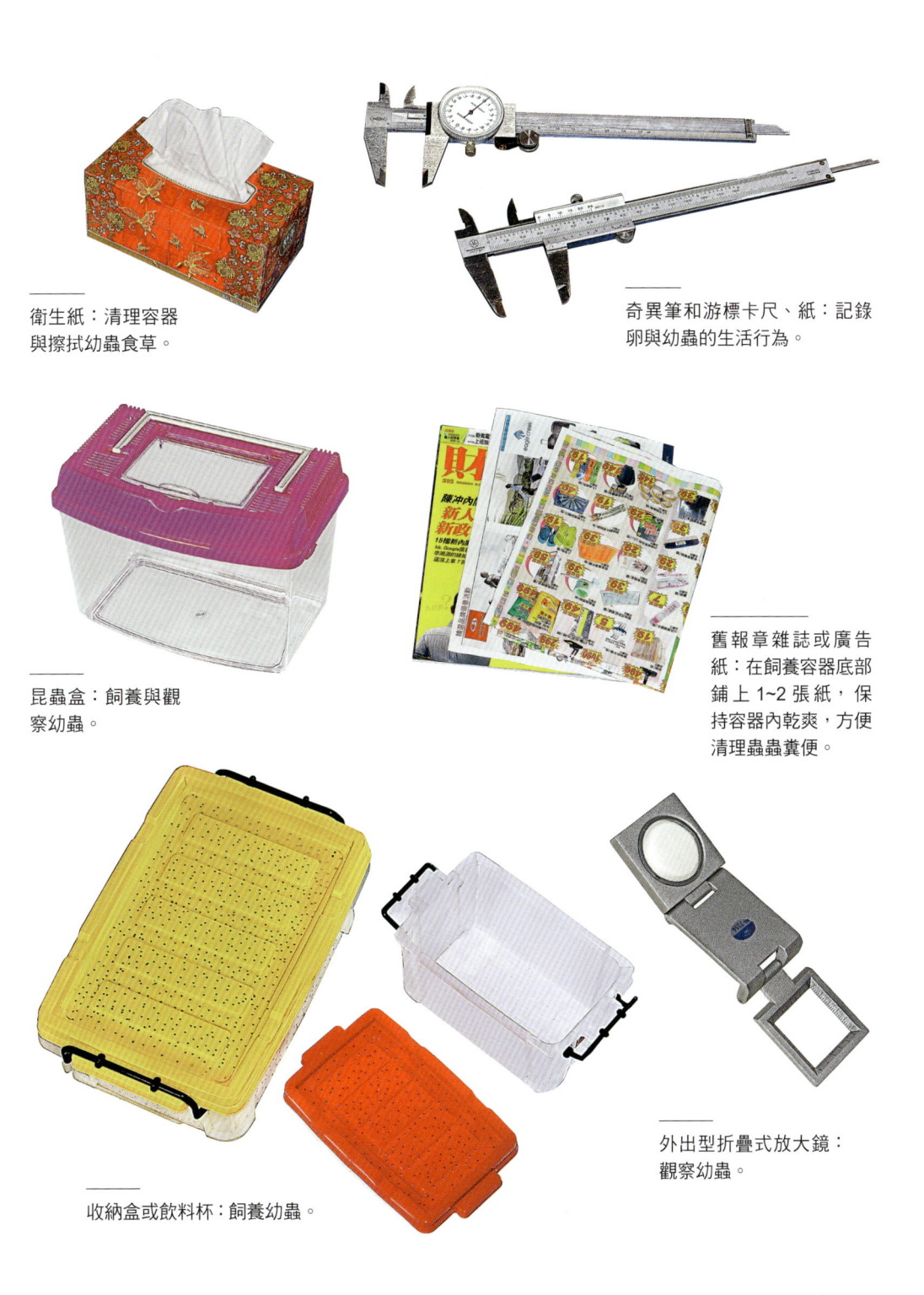

奇異筆和游標卡尺、紙：記錄卵與幼蟲的生活行為。

昆蟲盒：飼養與觀察幼蟲。

舊報章雜誌或廣告紙：在飼養容器底部鋪上 1~2 張紙，保持容器內乾爽，方便清理蟲蟲糞便。

收納盒或飲料杯：飼養幼蟲。

外出型折疊式放大鏡：觀察幼蟲。

第 4 章 飼養前準備

4-2
自行DIY飼養工具

　　一般市售的養蟲箱（盒）、套網袋、捕蟲網，若是不適用，抑或價格偏高時，可以考慮 DIY 自製，不僅可依自己的習慣和方式，製作專屬於自己的養蟲世界，也可以省點荷包。假如沒有時間 DIY，現成的細孔洗衣袋或盛裝碗豆的網子，便很適用於少量飼養者。

收納盒DIY

　　市售收納盒種類、材質琳瑯滿目，建議選用較厚實的塑膠製品較不易孔裂。依蟲體大小選用孔徑 2.5~5mm 鑽頭，裝上電鑽打洞即可。打洞時，需由家長或老師執行，兒童不宜自行操作機具，以免發生危險。工具、材料及操作方式如下：

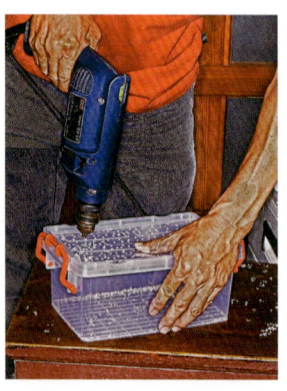

各種規格之收納盒。

手提電鑽與鑽頭。

選用 2.5~5mm 的鑽頭在收納盒上鑽孔，確保養蟲盒的空氣流通，讓溫濕度適宜，避免高溫多濕。

完成不同尺寸與規格的養蟲盒，可依飼養量的多寡，選擇使用。

套網袋DIY

　　將網子依自己想要的形狀與規格作剪裁，在右上角預留一手掌大之開口，以方便放入蟲蟲至網袋內吃食草，再將網袋連接車縫起來即可。大網子可加車縫拉鍊，方便套住植物枝葉或整株大植物。小網子則不需要拉鍊與小開口。工具、材料及操作方式如下：

細紗網（左）或塑膠網（右）：各種不同尺寸與網孔大小的套網袋，可依飼養量的多寡，來選擇製作各種規格之套網袋。

拉鍊、線、尺、紗網、剪刀、奇異筆。

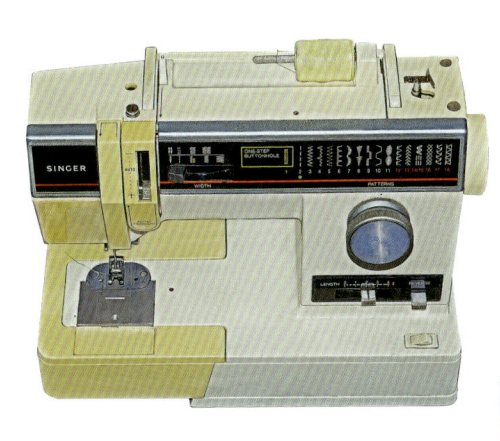

縫紉機。

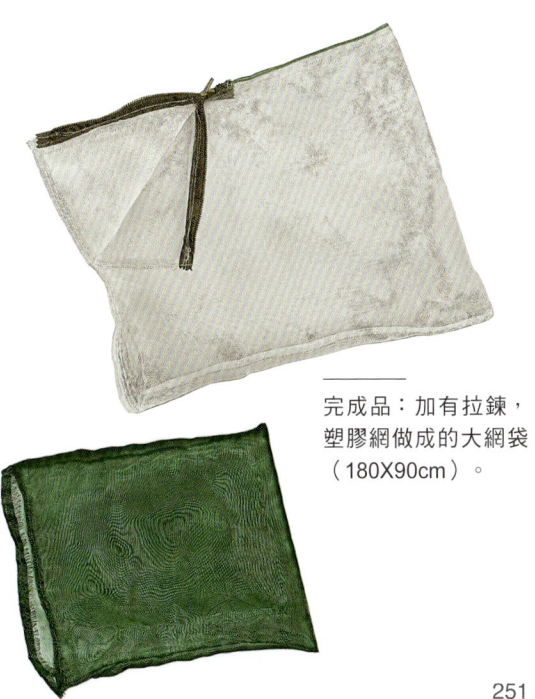

完成品：加有拉鍊，塑膠網做成的大網袋（180X90cm）。

完成品：細紗網做成的網袋（90X70cm）。

蝴蝶網DIY

市售的捕蟲網，如果外觀或價格不合乎自己的使用習慣或預算，便可自己 DIY 製作一支專屬於自己的捕蟲網。工具、材料及操作方式如下：

細紗網：可至各大布莊購買，用於製作蝴蝶網用，剪裁的大小約網圈直徑的 2 倍（1 呎約 20~25 元）。

布一塊，用於製作網框與網子連接用。使用寬約 20cm，長依框的大小而定，再將布對摺與細網車縫起來，而尺、線、剪刀、奇異筆等工具用於標示裁剪用途。

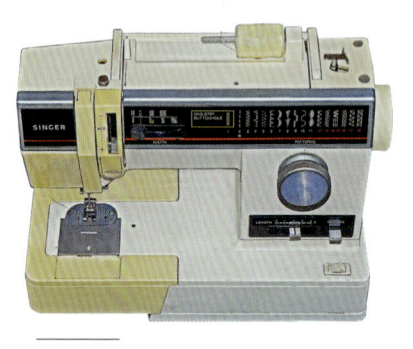

縫紉機：縫紉機操作時，需由大人、老師或請專門技術人員執行；小孩或兒童不宜自行操作，以免發生危險。

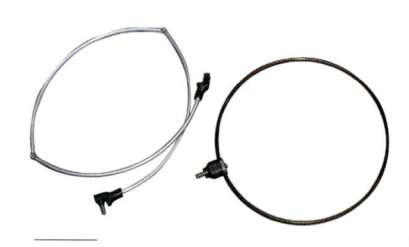

網圈：網圈有摺疊型或固定型，可選用 1.2~1.5 呎來改裝，材質以鋁合金重量較輕（約 100~150 元），鈦合金價格較高。

轉接頭：有金屬製與塑膠製，有些較長的釣竿接頭孔為 4 分孔徑，利用轉接頭便可在 4 分頭轉至常用的 2 分半轉接頭（約 50 元）。

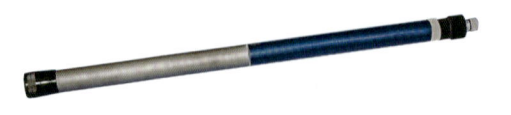

釣竿：具伸縮性的釣竿最適合當成捕蟲網的桿子，不僅可伸縮捕捉遠近距離的蝴蝶，而且質輕攜帶方便，可選擇使用 12~24 呎的釣竿改裝。

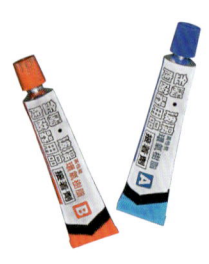

AB 膠：將 A 膠和 B 膠擠出適量混合，用於黏合釣竿與接環。（註：釣竿需抽掉前幾節，只保留可與接環相接的孔徑的部分。）

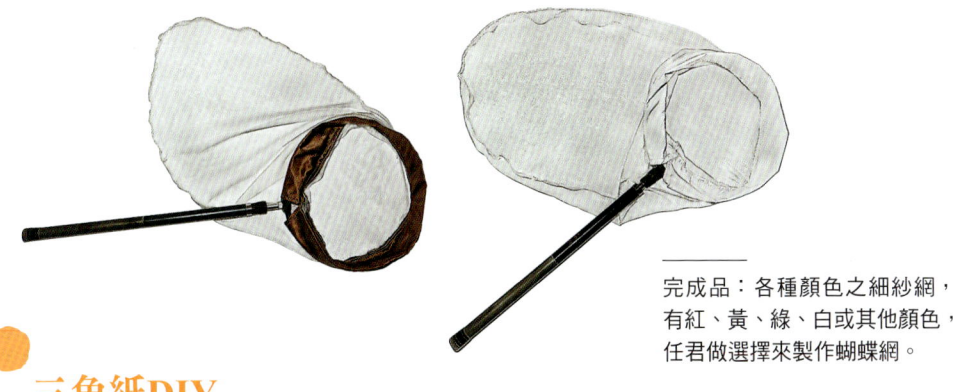

完成品：各種顏色之細紗網，有紅、黃、綠、白或其他顏色，任君做選擇來製作蝴蝶網。

三角紙DIY

　　三角紙的用途，主要是保護採集到的蝴蝶，避免碰撞擠壓而損傷鱗片。由於它是消耗品，自己DIY製作便可節省許多時間與成本。四角袋也是不錯用的採集袋，只是單價比三角紙高些。

　　紙選用超薄的描圖紙，製作大、中、小不同規格的三角紙袋，盛裝不同大小種類的蝴蝶。將紙裁剪成18cm×13cm、15cm×10cm和13cm×9cm的規格，再摺成三角形，即可使用。

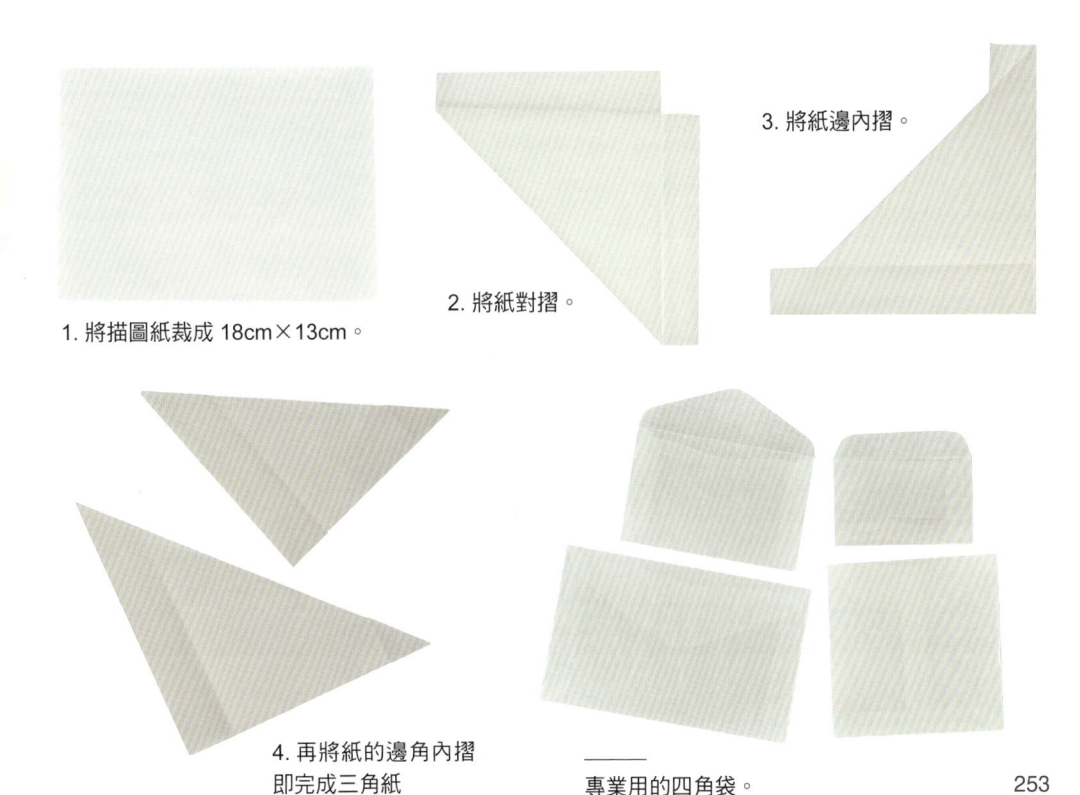

1. 將描圖紙裁成 18cm×13cm。

2. 將紙對摺。

3. 將紙邊內摺。

4. 再將紙的邊角內摺即完成三角紙

專業用的四角袋。

253

4-3 蝴蝶生活史觀察與記錄

　　蝴蝶飼養主要是觀察蝴蝶的生活史，從「卵→幼蟲→蛹→成蟲」的各階段皆可觀察記錄。在飼養的過程中，去體驗蝴蝶從卵到羽化成蝶時，是多麼地含辛茹苦。從中學習、體驗、認識到蝴蝶生態之奧秘與生命可貴。記錄可用文字敘述，也可用繪圖來呈現各種蝶的娉婷萬種風情；抑或用錄影機、照相機來羅縷紀存，重拾童年野趣，歸真反璞。

　　照相機可以說是現代人必備的工具；唯對於不常接觸生態的人，非都具備有自然攝影眼與技術，想拍一張好照片來欣賞，卻往往不得其門而入。筆者從事攝影工作 30 多年，就對一般較常使用到照相機，簡略介紹拍攝昆蟲和植物的心得與眾人分享。

矮牽牛

微距攝影下的網美照

當我們在野地林間漫步，眼前出現的花花草草或蝴蝶、蜻蜓飛舞的景緻，是否心動呢！想將它化剎那為永恆，卻往往不得其門而入乾瞪眼。在偶遇一些驚奇的畫面，是不是油然而生有股莫名的衝動，想要捕捉它綺麗的倩影，和親朋好友分享呢？或者當發現到一些奇怪的物種或植物，想把它拍攝下來，請教學者專家解惑？卻不知怎麼捕捉畫面。

不管您拍的是昆蟲或植物，只要是使用微距鏡頭都可稱為「微距攝影」。微距鏡頭可以說是拍攝蝴蝶和植物的最佳利器，那麼該如何選購微距鏡頭？如何拍攝？如何構圖？如何採光？拍攝時又需要注意那些細節呢？

微距攝影鏡頭是專為近距離細部描繪攝影所設計的特殊鏡頭，大約區分為 3 種類型。

1 標準型微距鏡頭：約 50~60mm。可用來翻拍物品、蛇腹接寫，抑或商品拍攝、花草昆蟲等不敏感又需要有長景深之題材拍攝。接上接寫環，可拍攝細小幼蟲或小花朵的特寫。

2 中型微距鏡頭：約 90~105mm。拍攝的題材廣泛，動靜皆宜且攜帶方便，幾乎是最具超人氣使用。對於花草昆蟲或人物特寫等較易親近的題材，有不錯的景深處理和影像表現能力。接上接寫環，也可拍攝細小幼蟲或花朵的特寫。

3 望遠微距鏡頭：約 180~200mm。非常適用於難以接近的地形或景物拍攝，例如高處花木、蝴蝶產卵、飛行中覓食、蜻蜓、豆娘、蜂蛇類等敏感性或具有危險性的生物拍攝。

為什麼要使用這些鏡頭？這些鏡頭是一種專為近距離細部描繪攝影所設計及影像矯正的特殊鏡頭，有別於一般的鏡頭設計。微距鏡頭如果能搭配 135 單眼相機與 TTL 閃光燈，更能夠獲取較佳影像畫面；但相對的所要花費的金錢也較高。

60mm　　105mm　　200mm

鏡頭

接寫環

36mm　　20mm　　12mm

微距攝影的基本配備。

拍攝技法1：因應題材不同，對焦隨時改變

　　對焦時，雖然有自動對焦功能與手動對焦；慎選拍攝題材，擇用對焦方式來駕馭相機，有助於攝得好照片。微距攝影時筆者較習慣使用手動對焦，在構圖時，對焦點隨心所欲；夢想中的美畫面，便唾手可得。

　　當巧遇翩翩飛舞的蝶兒訪花時，拍攝時要以蝴蝶的眼睛為對焦點，焦點清楚景深夠，才能襯托出蝶的神韻。在拍攝幼蟲時，要把頭、身體、尾端視成一平行線與焦平面平行來對焦，焦點要清楚，才能展現出幼蟲動感的生命力。拍攝花朵時，要以花心為對焦點，焦點要清楚，才能抓住花朵的嬌媚與靈氣。拍糊了的圖等同靈魂已逝，不氣餒再拍就有了。

相機。

拍攝技法2：光圈、快門、三腳架，缺一不可

微距攝影時，常會發現主體焦點明明有清楚，為何周圍畫面已鬆散脫焦。緣由「微距鏡頭」的景深都很短淺，當在某一焦點清楚時，背景很快就散焦模糊了。如果拍攝時景深不夠深，就會有上述的狀況發生。此時可選用 F11~22 以上的光圈改善，使主題與焦平面平行來對焦，並搭配閃光燈和同步快門 1/60~1/250 秒即可迎刃而解，攝得遂心如意的影像。或利用三腳架來穩固攝影器材，以防震動。

何故要搭配閃光燈和同步快門來拍攝，方才所言「微距鏡頭」的景深都很短淺，通常如果使用到 F11~22 以上的縮小光圈時，光線會降低，快門速度也會降低，當快門值降低至 1/15 秒以下時，如果不使用三腳架，所呈現的影像，大多會因風動或被攝物晃動及手震動，而產生模糊照。除非被攝物不動或無風吹拂。所以，選擇 TTL 閃光燈和同步快門來拍攝，就可不必因縮小光圈光線不足，而產生景深不夠的現象。而使用閃光燈拍照時還有一好處，就是閃光燈的色溫約莫 5400K 正常色溫，不用擔心畫面偏色問題，使色彩保持在正常的色調範圍。另外，閃光燈的搭配可選用環形閃光燈、單燈或 2 個以上的多燈攝影。也不必擔心快門速度不夠而產生震動模糊。駕輕就熟上述幾個拍攝注意事項，不假思索即成拍攝蝴蝶和植物的專家了。

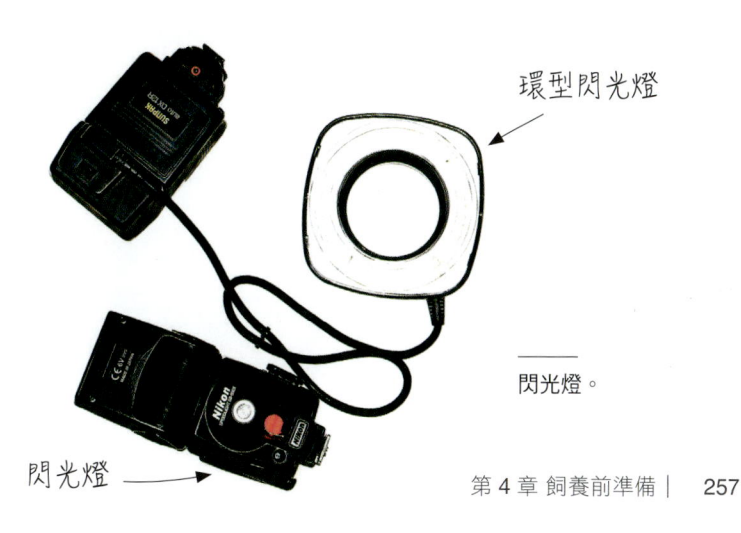

環型閃光燈

閃光燈。

閃光燈

拍攝技法3：善用接寫環，拍出絕佳特寫

　　接寫環是微距攝影時，經常會用到的配件，善用接寫環可拍到別人拍不到的畫面，尤其是一些方寸間的細小花草、昆蟲等特寫。接寫環是由 3 個不同長度，不透光的中空接環組合成一組，可個別單獨或合併使用。接寫環最主要的功能，係用於連接鏡頭與機身之間，功能與蛇腹相近；依主體大小作不同放大率特寫使用。接寫環如果使用愈多就愈長，它的放大率就愈大，光線也損失愈多，拍攝時需調整曝光補償。由於接寫環為中空結構內無鏡片，並不會直接影響影像品質，其優點體積小，重量輕，且經濟又便捷，非常適合野地外拍。使用接寫環時，最好搭配 TTL 閃光燈和同步快門拍攝，以避免產生模糊照。

紅珠鳳蝶（紅紋鳳蝶）雄蝶♂飛行中覓食金露花花蜜。
NIKON 200mm, f16, 1/200 ＋ SB800 閃光燈。

拍攝技法4：尊重大自然，真實為上

最後，拍生態照或自然風光時，一定要嚴守不違背自然生態行為或景觀的原則，例如：把南投九九峰用電腦數位合成上日月潭晨景，或者在自然照片合成鳥或昆蟲，變造出不真實的生態照片，這些誤導自然生態的行為，儼然是另一種無形的生態殺手，切勿為之。

飛行中的蝴蝶，對焦時以眼睛為焦點，最好搭配閃光燈與高速快門拍攝。
臺灣琉璃翠鳳蝶（琉璃紋鳳蝶）雄蝶♂正在吸食大花咸豐草花蜜。
NIKON 200mm, f13, 1/250 ＋ SB800 閃光燈。。

第 4 章 飼養前準備 | 259

蝴蝶與寄主植物野外記錄

有別於長期性或區域性的調查研究，個人對蝴蝶的觀察與記錄，可以是隨性自在的。只需記錄自己在不同的季節、時間、地點賞蝶時，當時所見即可。

蝴蝶＆寄主植物／野外記錄表　　日期：2012年9月26日　時間：AM：9~12　天氣：晴

NO	蝴蝶名稱（♂.♀）	寄主植物名稱	數量	現場環境
1.	黑鳳蝶♂		1	路旁濕地
2.	黑鳳蝶	長果山橘		路旁
3.	大鳳蝶♀		1	路旁
4.	網絲蛺蝶♀	澀葉榕	1	樹林
5.	袖弄蝶	月桃		路旁、林緣
6.	藍紋鋸眼蝶♀	檳榔	4	路旁、檳榔園
7.	藍紋鋸眼蝶♂	檳榔	8	路旁、檳榔園
8.	小紫斑蝶♂		3	路旁、林緣
9.	黑星弄蝶（不詳）		1	路旁、林緣
10.	紫日灰蝶♀		1	草叢
11.	豆環蛺蝶	山葛		路旁、林緣
12.	豆環蛺蝶♂		3	樹梢
13.	小單帶蛺蝶♂			樹梢
14.	豆環蛺蝶（不詳）		1	地面
15.	黑點灰蝶	長果山橘		路旁、林緣
16.	異紋紫斑蝶♀	絡石	3	路旁、林緣
17.	亮色黃蝶（不詳）		2	路旁、林緣
18.	無尾白紋鳳蝶♀	長果山橘	3	路旁、林內
19.	方環蝶	麻竹		路旁
20.	金環蛺蝶♂		3	路旁、林緣

木棉花。

地點：雙冬～九份二山（山茶巷沿線）　林相：雜木林形態＆產業道路　記錄者：洪裕榮

植物性狀	成蝶生態行為	幼蟲（齡／數量）	卵（粒）	海拔
	吸水			200~600m
有果		4齡2隻		500m
	食非洲鳳仙花			500m
	產卵於新芽		1粒	400~600m
		5齡1隻		250m
	產卵		產高處	400~900m
	追逐、訪花			400~900m
	食大花咸豐草			400~500m
	食大花咸豐草			450m
	尋找食草產卵			500m
	食成熟葉	2、4、5齡1隻		200~700m
	日光浴、警戒			200~700m
	日光浴、警戒			200~600m
	食蟾蜍死屍			
新芽		有卵與卵殼	共5粒	300~600m
	產卵於新芽		共2粒	400~600m
	吸水、訪花			400~600m
	產卵			400~500m
		3齡18隻		500m
	追逐、訪花			500m

蝴蝶生活史觀察記錄

　　關於以文字做蝴蝶生活史的觀察記錄，下表給大家做參考。下列文字所記錄之幼生期之尺寸與時間僅為參考值，非絕對值，因蝴蝶的卵、幼蟲、蛹、大小與週期數，會因個體食性、環境濕度、溫度、寄主植物種類等而有所不同。

大白斑蝶飼養記錄表

飼養溫度 26℃~29℃。平均葉片長 8×4cm，共吃 13~15 片的葉片。一世代 30~31 日。

生活史 \ 蝴蝶名稱	大白斑蝶	
卵期（日）	3~4	初產卵為淺黃白色，次日卵表有淺紅色受精斑紋呈現。
1 齡（日）	2~3	1 齡體長 3.4~6mm
2 齡（日）	2~3	2 齡體長 9~12mm
3 齡（日）	3~4	3 齡體長 14~19mm
4 齡（日）	3~4	4 齡體長 26~31mm
5 齡（日）	5~6	5 齡體長 46~60mm
蛹期（日）	12~13	蛹長約 26~28mm
總天數（日）	30~31	
溫度（℃）	26~29	
寄主植物	爬森藤	

第 5 章

養蝴蝶，這樣就成功

5-1
近郊找蟲

　　舉凡住家附近的柑橘類植物盆栽，河岸旁的垂柳、公園、社區花園、田園、菜園或校園、果園等環境，都有機會觀察到平地常見蝴蝶的卵及幼蟲。例如：柑橘類植物上，可搜尋**玉帶鳳蝶、花鳳蝶、黑鳳蝶、大鳳蝶、柑橘鳳蝶**等蝶卵與幼蟲。**臺灣海棗、黃椰子、蒲葵、酒瓶椰子**等棕櫚科的植物葉片上，可找到**藍紋鋸眼蝶、黑星弄蝶**的蝶卵及幼蟲。

　　而在自家種植幼蟲食草，也可吸引雌蝶飛來產卵。例如種植**毛白前、馬利筋、釘頭果**等植物，可吸引**金斑蝶**雌蝶來產卵。種植**臺灣馬兜鈴、港口馬兜鈴、裕榮馬兜鈴、瓜葉馬兜鈴**等馬兜鈴屬植物，便可吸引**紅珠鳳蝶、麝鳳蝶、多姿麝鳳蝶、長尾麝鳳蝶、黃裳鳳蝶**等鳳蝶類的雌蝶來產卵。種植**華他卡藤**也易吸引**淡紋青斑蝶**雌蝶前來。

　　因此，只要認識蝴蝶幼蟲的食草，就有機會在植株花、葉、果上找到蝶卵或幼蟲，進而飼養觀察與記錄蝴蝶的生活史。

1 在住家騎樓、陽臺或樓頂，擺放芸香科**金橘、柚、檸檬**等柑橘類植物，便可吸引**花鳳蝶、玉帶鳳蝶、黑鳳蝶**等雌蝶前來產卵，這招是最容易取得蝶卵、幼蟲的方法。

檸檬。

大鳳蝶 5 齡幼蟲初期，體長約 27mm。

玉帶鳳蝶 4 齡幼蟲背面，體長約 20mm，第 7 腹節至尾端的白斑相連呈 U 型。

木蘭青鳳蝶（青斑鳳蝶）4齡幼蟲背面，食釋迦葉片。

2 住家旁的公園、校園或廟宇、社區花園等地，常可見**白玉蘭、黃玉蘭、臺灣烏心石、蘭嶼烏心石、含笑花、南洋含笑花、釋迦**等植物，在葉片上常可找到**翠斑青鳳蝶**或**木蘭青鳳蝶**蝶卵與幼蟲。

翠斑青鳳蝶4齡幼蟲胸部特寫，胸部3對錐狀棘刺皆為黑色。

含笑花的花枝。

含笑花的花寬約60mm。

翠斑青鳳蝶5齡幼蟲初期，體長約30mm。

3 觀察幼蟲食草時，看葉片有無蟲咬的痕跡、糞便或蟲座、蟲巢、葉背，就有機會在葉片發現幼蟲的蹤跡。

森林暮眼蝶5齡幼蟲（終齡），體長約43mm，常躲藏於葉背。

棕葉狗尾草（颱風草）葉片的食痕。

第 5 章 養蝴蝶，這樣就成功 | 265

❹ **印度田菁**是田野和近郊，無所不在的優勢種豆科植物。在葉片表面，可找尋**黃蝶（荷氏黃蝶）**的幼蟲和成蟲，幾乎一年四季都可見。

黃蝶 5 齡幼蟲（終齡），長約 25mm，體寬約 3.5mm。　　黃蝶雄蝶♂吸水。

❺ **薑弄蝶（大白紋弄蝶）**、**袖弄蝶（黑弄蝶）**住在**月桃**植物的葉片上，以葉片為食，幼蟲會將葉片反捲造巢，躲在裡面避天敵。

①_ 薑弄蝶 5 齡幼蟲吐絲將恆春月桃葉片反摺所造之巢，巢長約 80mm。
②_ 葉片轉換角度，可見薑弄蝶 5 齡雄蟲，頭部全黑色，體長 43mm，躲在裡面避敵。
③_ 袖弄蝶 5 齡幼蟲食月桃，頭小體寬，體長約 42mm，體寬約 6.5mm。
④_ 袖弄蝶雄蝶♂覓食。

⑥ **長翅弄蝶（淡綠弄蝶）、橙翅傘弄蝶（鸞褐弄蝶）**是好鄰居，皆住在猿尾藤植物葉片上，以葉片為食。會將植物的葉片反捲造巢來避敵。

長翅弄蝶 5 齡幼蟲大頭照。

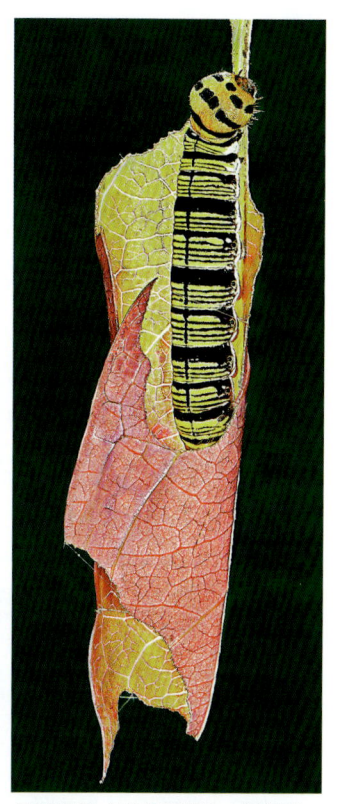

長翅弄蝶（淡綠弄蝶）4 齡幼蟲，體長 25 mm，棲息在蟲巢內。

4 眠幼蟲，體長約 36mm。

⑦ **香蕉弄蝶**的幼蟲住在香蕉葉裡面，外觀似長捲筒，長可達 33cm，是全臺灣蝶類最大的蟲巢，一串串的綠色捲筒在半空中擺盪，在野外一目了然，盡收眼底。

香蕉弄蝶 5 齡幼蟲的蟲巢，長約 33cm。

方環蝶的5齡幼蟲也會利用數片竹葉片，來製作成葉苞狀之蟲巢來避敵。

⑧ 做蟲巢並不是弄蝶類才會，**方環蝶**也會利用數片竹葉片，製作成葉苞狀之蟲巢來避敵。

⑨ **禾弄蝶**住在禾草植物葉片上，並將植物葉片捲成圓筒狀，躲在裡面，讓天敵找不到。

稗（生態照）。　　禾弄蝶5齡幼蟲，體長約23mm，在蟲巢內避敵。

⑩ **凹翅紫灰蝶**在臺灣只吃大戟科**扛香藤**的葉片。雖然野外此植物很常見，但因為凹翅紫灰蝶幼蟲都躲在蟲巢內直到結蛹羽化，不易尋獲。

① 凹翅紫灰蝶幼蟲在扛香藤葉片上的蟲巢。
② 在扛香藤葉片上的蛹巢。

11 **鐵色絨弄蝶**喜歡食用**臺灣魚藤（蕗藤）、疏花魚藤**的葉片，會將植物的葉片反捲製作成蟲巢，躲藏天敵，只要找到蟲巢，便能一睹丰采。

5齡幼蟲，以疏花魚藤飼養。

撥開蟲巢，可見5齡幼蟲，體長44mm，躲藏在裡面。

鐵色絨弄蝶5齡幼蟲在臺灣魚藤葉片上的蟲巢。

12 **小紋颯弄蝶（大白裙弄蝶）**的生活史是一年一世代，主要棲息於中海拔山區，喜歡吃芸香科**賊仔樹、吳茱萸、食茱萸**的葉片，幼蟲會將植物的葉片反捲製作成蟲巢，躲藏天敵。

蟲巢

小紋颯弄蝶2齡幼蟲在賊仔樹葉片的蟲巢，巢長19mm。

撥開蟲巢，可見2齡幼蟲，體長約6mm。

269

⑬ **紅玉翠蛺蝶**的外號叫「**閃電蝶**」，飛行快速，迅雷不及掩耳。以**大葉桑寄生、蓮華池桑寄生、埔姜桑寄生**等寄生性植物葉片為食，生活在半空中，須爬樹才有機會找得到牠。

大葉桑寄生寄生於梅樹。

南投縣蓮華池桑寄生棲息地。

埔姜桑寄生，寄生於山櫻花。

閃電蝶 2 齡幼蟲，體長約 6 mm。

到柑橘園找鳳蝶幼蟲

野外的柑橘樹或柑橘園，是尋蝶必訪之處，可找到常見的 6 種鳳蝶幼蟲，並藉由幼蟲胸部圖騰辨識出蝶種。

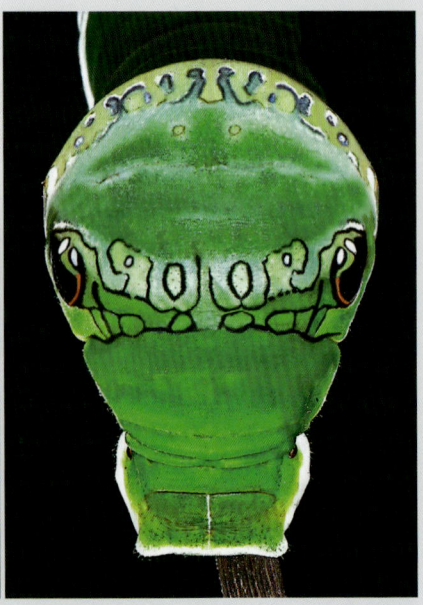

大鳳蝶 5 齡幼蟲（終齡），體長約 58 mm。

花鳳蝶（無尾鳳蝶）5齡幼蟲（終齡），體長約 40 mm。

玉帶鳳蝶 5 齡幼蟲（終齡），體長約 42 mm。

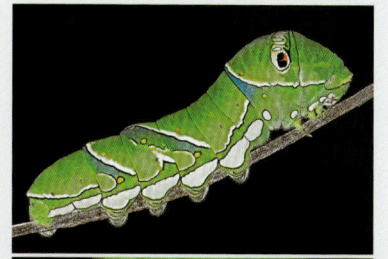

柑橘鳳蝶 5 齡幼蟲（終齡），體長約 41 mm。

翠鳳蝶（烏鴉鳳蝶）5 齡幼蟲（終齡），體長約 44mm。

胸部圖騰特寫

黑鳳蝶 5 齡幼蟲（終齡），體長約 46 mm。

第 5 章 養蝴蝶，這樣就成功 | 271

5-2 野外採集

採集環境

為何要到野外採集？採集主要的目的是瞭解蝴蝶在野外的生活方式、行為、食性、族群分布與演化或活動週期性。透過採集與製作標本、記錄，建立完備的資料庫，以供日後檢視，深入研究。

臺灣全年皆有蝴蝶，只要掌握住蝴蝶的生活習性，全年皆可採集，其中以 4~10 月為最佳時節。選擇有陽光的好天氣，以 9~16 點為最佳採集時機。找尋蝴蝶經常出現的處所，例如：蝴蝶的蝶道、雌蝶尋覓幼蟲食草，抑或食腐果樹液、訪花、吸水等覓食時刻，這是警覺性最低的時候，較利於捕捉和觀察、拍攝。（註：蝶道是指蝴蝶在空中飛行時，經常使用的航線。）

金墩山產業道路（蝶道）。

低海拔竹林環境。　　　　　　　　　　　　　　中海拔「孟宗竹」竹林環境（杉林溪）。

柚子果園環境。　　　　　　　　　　　　　　低海拔森林環境（鹿谷）。

中海拔濕潤森林環境（溪頭）。

中海拔森林、山谷環境（屯原）。　　　　　　低海拔野溪、山野環境（本部溪）。

惠蓀林場溪谷環境。

淺山地野溪環境（草屯）。

八仙山、谷關溪谷環境。

南山溪河床拍蝶聖地。

水生植物濕地環境。

瀑布溪澗濕地環境。

工具與標本

「工欲善其事，必先利其器」，野外採集時，捕蟲網與三角紙或四角袋是必備品。要特別注意，採集時，不可隨意破壞自然環境，更不可毫無節制性的採集、濫捕，或破壞蝴蝶棲息地；否則生態資源將會枯竭，尊重自然生命，愛護自然環境，才能永續發展。

將採集到的蝶種，用三角紙或四角袋包裝好固定，再記錄採集地點、時間、方法、名稱、採集者等基本記錄。記錄得愈詳盡愈好，建立完整的採集資料，以便利往後的觀察、比較與研究交流。此外，把採集到活體生物妥善放置在硬盒中保護好，最好隨身攜帶或放在背包內，並注意不要放在密閉車內或直接日曬；尤其是在夏、秋的高溫的季節，以免溫度過高而悶死成蟲或幼蟲。

一般要觀察飼養的蝴蝶種源，大多數採集自野地；除非沒辦法了，才會想去蝴蝶養殖場用購買的。但是用購買的，就失去了野外實戰的觀察經驗，是很可惜的！採集蝴蝶時，無法像採集蛾類般，在晚上點幾盞燈撐一匹布，就能守株待兔等蛾類或甲蟲自投羅網。其因蝴蝶的習性多為不具有趨光性，晚上都會藏匿休息，讓您找不到。所以，瞭解各種蝶類的生活習性，才能在浩瀚的林海中，邂逅您想要採集的蝴蝶。

臺灣琉璃翠鳳蝶雄蝶♂吸食大花咸豐草花蜜。

你有多久沒有拿著捕蟲網去追逐蝴蝶呢？一支捕蟲網、一疊三角紙、一個背包，在山林野徑尋蝶，就足以消磨一天的時光；重拾童年的往日情懷，一起去出門踏青吧！

藍灰蝶（沖繩小灰蝶）雌蝶♀。

燦蛺蝶（黃斑蛺蝶）雄蝶♂覓食。

標本保存

採集和製作標本，是研究的重要工作。大量製作標本是一件費時又費工的事情，但是不將拍攝到的蝴蝶採集下來研究、觀察或製成標本，對於從事研究蝴蝶的工作者來說，可能太混了。也許有人不贊成製作標本，但是不蒐集標本，真不知道可用何種方式保存自然證據。如果你沒時間做標本，可選用將採集到或飼養的蝴蝶標本，存放在冰箱下層，標本冰了10年，顏色依然如故未褪色，這是不佔空間又可研究蝴蝶的懶人方法，不錯用！您可試試看。

將飼養的標本做記錄，存放在冰箱供日後研究參考。

第 5 章 養蝴蝶，這樣就成功

野外採集注意事項

野外自然觀察意義在於親自體驗、探索實體生物、植物的奧秘，有別於圖鑑功能。野外採集應以安全為先，勿在危險區域從事觀察活動，應著長袖衣褲勿噴香水，以免引蜂來襲或蛇吻。對於不認識的植物，請勿隨意摘採，例如全株布滿有毒燉毛的咬人貓、咬人狗等植物，若不慎觸摸，皮膚會發癢刺痛。再者，荔蝽又名荔枝椿象，入侵種。當受驚擾時會從尾端噴出具有腐蝕性的毒液來防禦。在野外的**荔枝、龍眼、無患子、臺灣欒樹**等無患子科植物樹上，常會遇到的臭屁蟲，不可不識，敬而遠之，若不慎被噴到體膚，會導致該部位灼傷，應趕緊以大量清水沖洗，盡速就醫檢查治療，以免留下疤痕。

咬人貓。

咬人狗。

蜂類。

荔枝椿象。

荔枝椿象頭部特寫，整理觸角。

常用的蝴蝶採集方法

目視直接捕捉法

在野外尋花看樹，發現有卵或幼蟲，棲息在寄主植物的枝條或葉片上，直接將卵或幼蟲及葉片，採集裝入硬盒內保護即可。

捕蟲網採集法

利用長、短桿或伸縮桿的捕蟲網，來捕捉飛行中或覓食中的蝴蝶來觀察。捕蝶時要相準蝴蝶，才揮網捕蝶，通常以∞字型的揮網方式來捕蝶。

食物誘集法

利用蝴蝶的食性，在寄主植物群落林緣、路旁或溪旁、蝶道等蝴蝶經常出現的地點，擺放發酵水果、排泄物、尿液等食物來誘蝶，以便捕捉。

塗抹法

在山野，將蜂蜜或浸泡過的鳳梨直接塗抹在樹皮裂縫，抑或有滲出樹液的樹幹上，因此處原本就有昆蟲覓食，塗抹蜂蜜、浸泡過的鳳梨可用來誘蝶或其他昆蟲。

將鮮水果或浸泡過的水果放置在野外誘蝶。

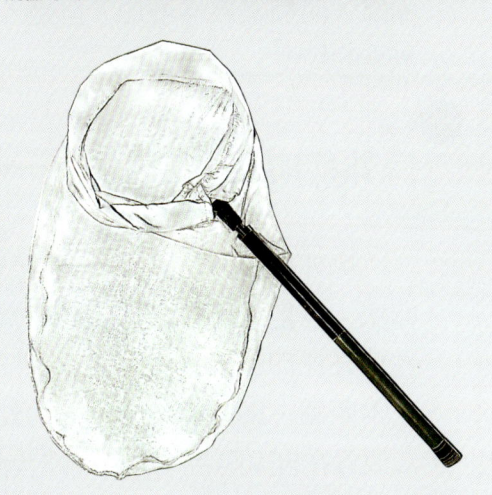

利用自製捕蟲網，以∞字形揮網來捕蝶。

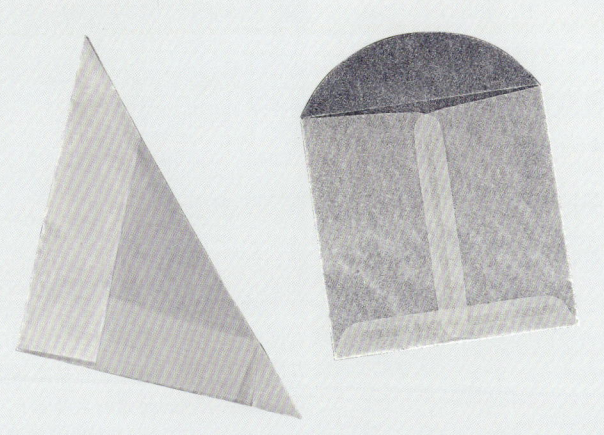

三角紙和四角袋是蝴蝶採集時的必備用品。

5-3
雌蝶採卵

　　自然界的各種生物，都自有一套微妙的生存機制，蝴蝶也不例外。剛從蝶蛹裡羽化出來的雌蝶，因釋放出的性費洛蒙化學氣味，很容易就會被雄蝶尋獲而強行交配。因此，野外大多數的雌蝶都已交配受精。

　　所以，在野外採集到雌蝶時，便可放入網室內讓牠活動產卵，或者使用套網袋等來營造舒適的產房，讓雌蝶願意產卵。但是，切記在採卵時要秉持「愛牠就不要傷害牠」的大原則，一但採卵成功，並且飼養至蝴蝶羽化，也請野放回歸大自然。

　　後文所述的強迫性採卵法，雖然確實可用於大量繁殖並復育蝴蝶，使蝴蝶族群增加。但是，非研究人員請勿嘗試，以免傷及無辜的蝴蝶。

戶外採卵法

　　戶外採卵方法是一種在自然環境的採卵法，也是最適合自然的生存機制；如何在戶外採卵呢？方法是將馬利筋、柑橘屬或木蘭屬、馬兜鈴屬等蝴蝶的幼蟲食草盆栽放置在自家陽台，或有蝴蝶蜜源之公園，記得幼蟲食草需無農藥帶有新芽葉片，以吸引雌蝶前來產卵，您所選擇的植物，是否為該區域活動蝶種的幼蟲食草。

　　只是，戶外採卵的缺點是蝶卵無法受到妥善的保護，所以，如果沒有天天注意有無蝶卵，蝶卵很容易就會被寄生蜂捷足先登所寄生而死亡。

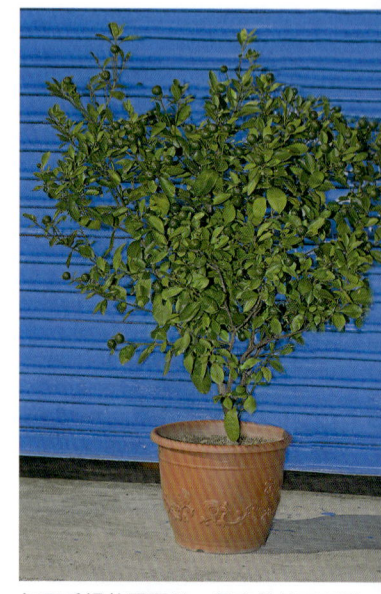

把四季橘放置門前，很容易就可吸引花鳳蝶（無尾鳳蝶）、玉帶鳳蝶等食用柑橘類植物的雌蝶前來產卵。

擺放黃冠馬利筋盆栽,極易吸引金斑蝶雌蝶前來產卵。

網室採卵法

　　茲因蝶類的產卵習性不同,應瞭解蝴蝶的產卵習性,建造大小不同規格的網室,提供雌蝶合適的產卵環境,才能有效獲得大量蝶卵用來觀察與飼養。例如:麝鳳蝶、紅珠鳳蝶、花鳳蝶(無尾鳳蝶)、玉帶鳳蝶、黃蝶、大白斑蝶等蝶類,是一群飛行不快速的蝶類,適合在約40~60坪的網室裡繁殖飼養、觀察。

　　另外,要特別注意雌蝶在網室內是否出現驚嚇或撞網等不適應行為,或是不進食等狀況,假如觀察雌蝶2~4日,生活狀況皆不佳,就需野放回大自然。再者,必須了解飼養蝶類的食性,適時於網室內廣植多樣性蜜源植物,或是直接擺放鳳梨、香蕉、水梨或水蜜桃、蘋果、柿等甜水果,抑或自己浸泡的鳳梨汁液、香蕉汁液與幾盤蜂蜜水(少量蜂蜜加水稀釋,比例約1:5~1:10之間)供吸食。唯有雌蝶的生活狀態佳,才能愉快的產卵。

網室。

用網室以腺萼馬藍取得枯葉蝶卵,3齡幼蟲後,改以容易取得的紫花翠蘆莉葉片飼養。

套網採卵法

套網法是一種強迫性採卵方法。蝴蝶因活動空間縮小,所以不宜長時間在網內生活,如果幾天後無產卵,就野放吧!讓牠重回大自然。

套網方法是準備一個套網袋,將套網袋包住幼蟲食草,食草需長有新葉或新芽的枝葉,讓雌蝶近距離可接觸到食草化學氣味;再將雌蝶餵食後放置袋內等產卵,定期觀察雌蝶的生活動態,一天 1~2 次即可,過度的好奇、干擾蝴蝶,反而適得其反。

此法可適用多種蝴蝶,但要依蝴蝶的產卵習性做調整,例如:有些蛺蝶類喜歡將卵產於高處,套網時就依其習性套在高處。又例如:雌擬幻蛺蝶、幻蛺蝶,喜歡於開闊環境的近地面產卵,套網時就依其習性套在地面產卵。陰性蝶類應模擬野外,放置在林蔭處。正確的瞭解各種蝴蝶的產卵習性,才不會傷害到蝴蝶。再者,套網的蝶種以花蜜為食者,每日至少應餵食 1~2 次。如果是以腐果汁液為食者,就可直接擺放鳳梨、香蕉、水梨等水果供吸食,或自己浸泡的鳳梨汁液、香蕉汁液,讓牠自己食用。

將淡色黃蝶套網於較高處的套網方式。

將小紫灰蝶套網在青剛櫟的中高處的套網方式。

將黯眼蛺蝶（黑擬蛺蝶）套網在低處的套網方式。

塑膠袋採卵法

　　塑膠袋採卵法也是一種強迫性採卵方法。蝴蝶的活動空間更小，所以更不宜長時間在袋內生活，如果幾天後無產卵，須野放回大自然。

　　塑膠袋採卵方法是準備一個大的透明塑膠袋，塑膠袋內擺放幼蟲食草，餵食雌蝶後將其放置袋內，定期觀察牠的生活動態。如果溫度低於 25℃，可間接以自然光或燈泡等光源照射加溫；溫度如果過高則容易悶死蝴蝶，需隨時注意溫度的變化。塑膠袋內若濕氣過多應擦掉，避免雌蝶悶死或黏在水氣上。此法較適合小型蝶類，蝴蝶每日至少應餵食 1~2 次。

雌蝶♀
地瓜葉

塑膠袋採卵法，圖中幻蛺蝶（琉球紫蛺蝶）因產卵習性喜愛選擇低矮環境，所以選擇一處無直接日照的地面場所放置，會提高雌蝶的產卵意願，塑膠袋使用 12×18 英吋。

幻蛺蝶雌蝶一生可產至 500 粒蝶卵，盒中為套網所產的蝶蟲。

透明壓克力箱採卵法

透明壓克力箱採卵法，也是一種強迫性採卵方法。蝴蝶活動空間小，如果幾天後無產卵，就野放重回大自然。

透明壓克力箱採卵方法，是製作一個 70cm×50cm 的透明壓克力箱，箱內擺放幼蟲食草，再將雌蝶餵食後置於箱內，定期觀察其生活動態。此法較適合中、小型蝶類。蝶種以花蜜為食者，每日至少應餵食 1~2 次。如果是以腐果汁液為食者，就可直接擺放鳳梨、香蕉、水梨等水果供吸食。

模擬野外的透明壓克力箱採卵方式（80×60×60cm）。

雌紅紫蛺蝶：利用套網法雌蝶產了 560 粒卵的 86 隻蟲。

大鳳蝶的幼蟲，以透明壓克力箱採卵方式所獲得。

大木箱或大鋁箱採卵法

　　大木箱或鋁箱採卵法，也是一種強迫性採卵方法。蝴蝶的活動空間比套網法、塑膠袋採卵法、透明壓克力箱採卵法的空間大很多。蝴蝶的活動空間增加又與幼蟲食草化學氣味很接近，在食物不虞匱乏時，通常產卵的意願會較高；此法較適合大、中、小型蝶類。

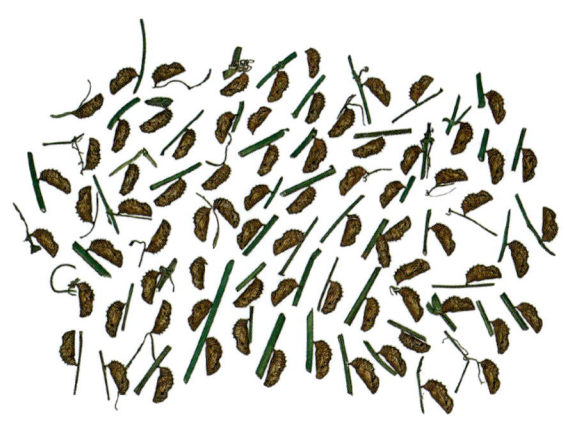

利用大木箱採卵或飼養，便可成功取得大量的蛹（雌擬幻蛺蝶的蛹 77 粒）。

以大鋁箱方式，取得大白紋鳳蝶的幼蟲。

大鋁箱採卵方式（170×70×70cm）。

如何自製鳳梨汁

在人工繁殖蝴蝶時,面臨的最大問題便是食物;食物充不充足,影響著蝴蝶的活動力和生命力、繁殖力。蝴蝶的食物除了花蜜以外,腐果汁液是大多數蛺蝶科蝶類的共通食物,雖然天然的腐果汁液是最佳的食物。然而,一般人較少會去買新鮮的水果,直接放在網室給蝴蝶吸食,因此,浸泡鳳梨汁或香蕉汁來誘蝶或養蝶,便是一種很好的方法,方便快速又可大量製造且較衛生。那麼,該如何浸泡鳳梨汁或香蕉汁呢?以下簡述之,供愛蝶人參考~

材料

鳳梨數粒。

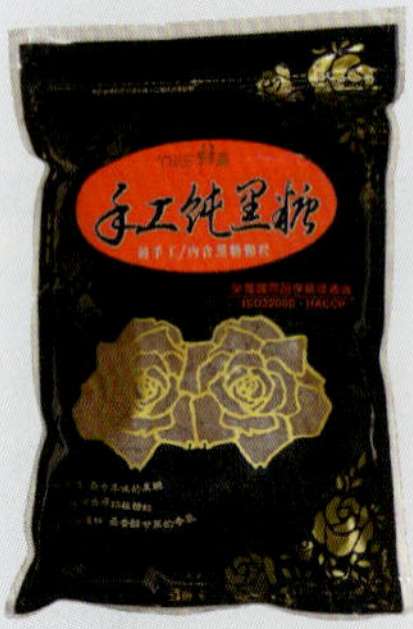

黑糖。

酒甕或塑膠罐 1 罐。

高粱酒 1 瓶、米酒（依浸泡量而定）。

自製鳳梨汁完成品。

作法

● 準備鳳梨數粒,將鳳梨切塊,放在陽光下曝曬至半乾備用。可選擇已完熟的或快要壞掉的鳳梨,從水果批發中心大量購買可以節省成本。

● 將切塊的鳳梨和 1 包黑糖（約 600 克）比 1 瓶米酒之比例,一起放入酒甕內,最後再倒入 1 瓶高粱酒,蓋上瓶口,存放於陰涼處約 3~4 個月以上即完成。完成後便可使用汁液來餵蝶及誘蝶。

註 1：如要浸泡大量時,以黑糖：米酒 1：1 之比例增加,高粱酒則約為米酒的 0.3~0.5 倍做為提味用。浸泡存放時間越久,香氣會越香濃。

註 2：米酒的品質和純度會決定香氣的濃郁度,預算夠的話,建議使用陳年米酒。

註 3：鳳梨汁速成法：前 1 天將少許米酒、黑糖及熟透發酵的鳳梨或香蕉加蜂蜜,全部混合浸泡,隔天即可使用。

5-4 幼蟲的飼養容器與方法

飼養幼蟲的容器千百種，只要適合自己習慣的用具，並具備正確的飼養觀念，便能成功飼養至羽化成蝶，以下簡略介紹常見的使用方法供參考。

● 拋棄式容器

對於少量飼養蟲蟲者、小型灰蝶類、小型弄蝶類或怕遭遇細菌、病毒感染的飼養者，可選用拋棄式容器來飼養蝴蝶幼蟲。使用過的容器還可資源回收，抑或在杯底剪數洞來播種幼蟲食草的種苗，環保又不污染環境。

冰杯、湯杯、布丁杯

選用 200~300cc 的飲品塑膠杯存放蝶卵，飼養 1~2 齡幼蟲，或小型弄蝶、灰蝶科等幼蟲。飼養幼蟲時，可將食草的枝條基部，用 2 張衛生紙沾水半乾放入夾鍊袋內，再用橡皮筋綁緊或鋁箔紙包緊，放入容器內即可。蝶卵應保持於通風良好場所，可將盒蓋打洞讓空氣流通，以避免蝶卵或幼蟲在夏季高溫多濕的季節發霉而死亡。

250cc 透明飼養盒與布丁杯，用鑽子打洞。

700cc塑膠杯

　　市面上飲料塑膠杯的種類很多，可選擇使用 500~1000cc 的飲料塑膠杯，將杯蓋用鑽子打洞來飼養幼蟲。可在杯身寫幼蟲成長的記錄與日期，非常適合單隻飼養，比紙盒方便，萬一遇有感染即可拋棄。杯蓋亦可不打洞，但在無冷氣房的高溫夏季，很容易因悶濕、糞便或葉片發霉而感染。

隨處可見的700cc塑膠杯。

塑膠碗

　　塑膠碗的種類形形色色，功能類似飲料杯，將碗蓋用鑽子打洞即可。在碗側或碗蓋上，可寫幼蟲成長的記錄與日期，非常適合飼養 1~10 隻左右的幼蟲，遇有感染即可拋棄或資源回收。

塑膠碗。

非拋棄式容器

　　若飼養大量幼蟲，抑或大型鳳蝶類的幼蟲，就不適合使用拋棄式容器，建議選用非拋棄式容器，如大木箱、鋁箱、套網袋、水族箱、收納盒等飼養箱，一來方便集中管理，二來也易於清洗消毒或重覆的使用。缺點是不幸遭遇到細菌、病毒感染時，就會全軍覆沒，也可能吸引小型寄生蜂入侵。需特別注意網孔勿太細，易因破損或不通風而飼養失敗。

蝴蝶幼蟲的食量很大，通常 10 幾隻鳳蝶幼蟲，就可把整株四季橘的葉片吃光光。倘若大量的飼養幾百隻以上，便要種植很多食草來供給幼蟲食用。換言之，如果野外能夠提供很好的蝴蝶棲息環境與食草，蝴蝶的族群應該會日益增加。

小容器飼養法

小水瓶

將食草的枝葉一把，直接插在水瓶中，防止植物枯萎；再用衛生紙、布或海棉等物品堵塞瓶口，避免蟲蟲滑落水中溺斃，就可將幼蟲放置食草上開始飼養。再於底部放置水盤，防螞蟻、蜘蛛、壁虎捕食，抑或罩網、放置網箱內擺放做保護。

柑橘鳳蝶 5 齡幼蟲吃光插水的胡椒木。

在小水瓶裡插入鐵色，飼養尖粉蝶幼蟲。

馬利筋（尖尾鳳）是很容易取得的幼蟲食材，繁殖可用播種法、扦插法或插水法來獲得種苗。將一把馬利筋的枝條直接插入瓶中，飼養金斑蝶幼蟲，幼蟲吃剩下的枝條，經過一段時間便會生根，等到發根旺盛以後再移植到花盆中，一舉數得。

馬利筋插水飼養金斑蝶幼蟲，還能生根再種植。

昆蟲盒

昆蟲盒是市面常見的飼養容器，材質透明度佳，但不耐摔，適用於少量飼養觀察。

昆蟲盒（18x10cm）。

專業用透明方形飼養盒（15x11cm）。

長方形飼養盒（16x12cm）。眼蛺蝶5齡幼蟲。

箱子飼養法

收納盒

　　規格不同的收納盒，塑膠材質耐用、耐摔，還可高溫水煮消毒且價錢較低，非常實用方便。小蟲或蟲少時選用小盒，大蟲或蟲多時選用大盒來觀察飼養。

小收納盒（20x13cm）。端紫斑蝶幼蟲。

大收納盒（40x25cm）。無尾鳳蝶幼蟲。

將盒蓋切空，用熱溶膠黏上沙網更透氣。黑鳳蝶5齡幼蟲。

白色紗網

大木箱或大鋁箱

　　大木箱的製作費用約 1000~3000 元，缺點是木材不耐風吹雨打。大鋁箱的製作成本費用約 3000 元以上，缺點是密合度較差，壁虎、螞蟻常會鑽入捕食。兩者的優點則是可擺放整盆新鮮盆栽的食草，供幼蟲取食至化蛹或羽化。

大鋁箱（170x70 x70cm）。

桌上型鋁箱。

大鋁箱的四腳應放置水盤，以防止螞蟻捕食。

玻璃箱或壓克力箱

　　功能作用與大收納盒差不多，但材質透明度佳，內容物一目了然，很適合用於展示與教育解說用途，但需注意碰撞。

玻璃製飼養箱。

嵌入式的飼養方式，兼具美觀與教育解說、展覽的功能（木柵動物園）。

其他幼蟲飼養法

套網飼養法

　　套網飼養法，是大量養蝶者常用的方法。先將食草搖晃幾下，讓蜘蛛、螳螂、椿象和螞蟻等天敵落下，將食草用套網袋網起來綑綁好，然後從上方小洞口，將蝴蝶幼蟲放入網袋內，再將小袋口綁活結。此法可用在戶外、野外或網室內，並且須注意時常清理蟲蟲的便便。此法的優點是可大量集中飼養，免去食草的更換頻率，幼蟲就像生活在自然環境中。缺點是有寄生蜂來襲或幼蟲生病時，可能折損許多幼蟲，甚至徒勞無功。

在枝葉上用網子將蝴蝶幼蟲網起來飼養，可避免天敵捕食和飼養的繁瑣事物。

利用套網袋將豆科的花序全網住，來飼養小灰蝶，便可等待收蛹。

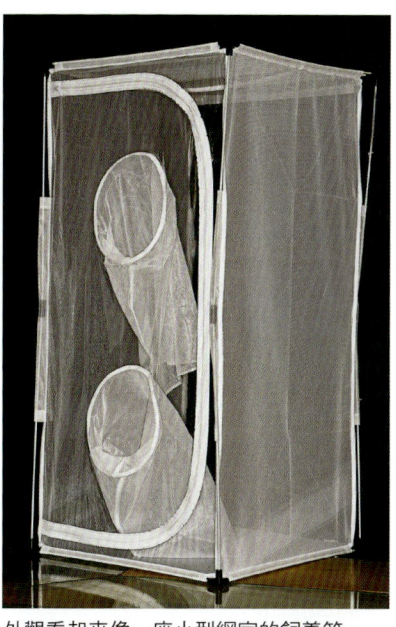

外觀看起來像一座小型網室的飼養箱。

套網袋。

盆栽式飼養法

　　將食草直接種在花盆裡或多株放在空花盆內，再將蝴蝶幼蟲直接放在枝葉上，讓牠自由取食與活動到結蛹。在盆底放置水盤，可防止螞蟻、蜘蛛等天敵捕食，擺放在通風良好的地方。如果擺放在室外應加套網，以防幼蟲離開或天敵的捕食。如果是擺放在網室內，套網就可有可無。對於某些植物，一旦剪離母株即會漸漸凋萎，套網飼養法和盆栽式飼養法是可善加利用的方法。

盆栽式飼養法。

斐豹蛺蝶 5 齡幼蟲食香堇菜

一盆滿滿的香堇菜，幾十隻斐豹蛺蝶幼蟲，約 1 日就能吃光光，只剩基部。

網室飼養法

　　大量繁殖蝴蝶時，密集的集中飼養很容易因幼蟲生病感染而集體死亡。對於容易感染的蝶種，便可選擇大型網室繁殖法，直接將幼蟲飼養在網室內的食草上。網室內的幼蟲食草，通常是整棟大面積種植 1~2 種幼蟲的食草，幼蟲就如同在自然環境下生長。

大型網室。

溫控透明冷藏櫃

對於一些中、高海拔的蝶種，可利用溫控透明冷藏櫃，或使用專業用空調飼養箱。若無相關設備，懇請勿將中、高海拔蝶種採集至平地飼養，以免飼養不成蝴蝶，反而害死了珍貴蝶種。

一年一代，生活於中海拔的拉拉山翠灰蝶雄蝶♂展翅。

一年一代的秀灑灰蝶（霧社烏小灰蝶），棲息於小葉鼠李葉片的 4 齡幼蟲。

使用溫控透明冷藏櫃，溫控在 18~24℃，可飼養中、高海拔之蝶種幼蟲。

5-5
蝴蝶飼養訣竅

「拍蟲容易，找蟲難；養蟲容易，找卵難；套網容易，產卵難。」蝶以食為天，在茫茫綠海中想尋獲 1 粒僅 0.5~1mm 的蝶卵如滄海一粟，懂得辨識蝶蟲食草方能遂心如意。不諳熟蝶食草是難以在鬱鬱蔥蔥、重山峻嶺的野地尋蟲找卵。懂食草還要選對產地，方能事半功倍，不虛此行。例如：探索「小鑽灰蝶」，高雄月世界是個不錯的產地，找對了產地就開始爬樹找尋。找到了幼蟲，如果養出來是寄生蜂而不是心儀的蝶兒，神情驟然樂極轉悲，耗費錢糧。因此，採集雌蝶在網室或套網產卵，便可獲得健康的蝶卵。不然，只能與寄生蜂比看誰先找到卵，也藉此呼籲請勿野放寄生蜂來做農作物生物防治，畢竟寄生蜂是不會只選擇莊稼害蟲為寄生對象，而是所有昆蟲都會遭難。

小鑽灰蝶（姬三尾小灰蝶）終齡幼蟲，被小繭蜂所寄生，野外找到 10 隻，約有 6~7 隻是被寄生的。

低海拔蝶類飼養方法

蝴蝶幼蟲的生長期與溫度有絕對關係,夏季幼蟲食慾高長得快,低溫期幼蟲食慾差長得慢,懂得蝴蝶簡單的生活模式,養蟲就不會失敗了。

1.
準備 1 個約 40~60cm 的大水盤,裡面墊高 2 塊紅磚。

2.
將飼養盒放置其上即可,如此可預防螞蟻捕食和增加濕度,如果夏季白天悶熱,也可在水盤裡放入冰塊降溫。

3.
飼養蝶種眾多時,再將瓶瓶罐罐用盤盒做隔離即可,利用便條紙記錄每日幼蟲生活的變化,用這種方式可飼養低海拔約 200 種以上的蝴蝶。

4.
已結蛹的蛹,也同樣放置在水盤上,預防螞蟻捕食和增加濕度。

飼養心得要點

1.
從野外採集回來的雌蝶，回家後須餵食。方法是取少量蜂蜜加水稀釋，比例約1：5～1：10之間。小型蝶直接將蜜汁滴水盒中搖開供吸食，不可用手抓餵，以免弄傷蝴蝶。大型雌蝶則抓穩翅膀固定，再用細珠針將口器輕輕拉出，使其接觸蜂蜜水，通常蝴蝶都會吸食蜜水。

2. 可規劃網室供雌蝶活動產卵（木生昆蟲館）。

3. 利用盆栽、大網箱來飼養幼蟲。

4. 布丁盒內僅放幾根食草（芒果花序），飼養1隻蝶（鑽灰蝶），杯底鋪上一層衛生紙吸濕。

5. 用250cc飼養盒來飼養灰蝶類，幼蟲較易找尋與清理。

6.
用 300~700cc 飼養盒來飼養體型較大的弄蝶、蛺蝶或鳳蝶類幼蟲。

7.
利用收納盒集中飼養管理較多幼蟲，幼蟲最終化蛹會選擇在盒蓋或盒壁化蛹，並無需特別設置化蛹場所。

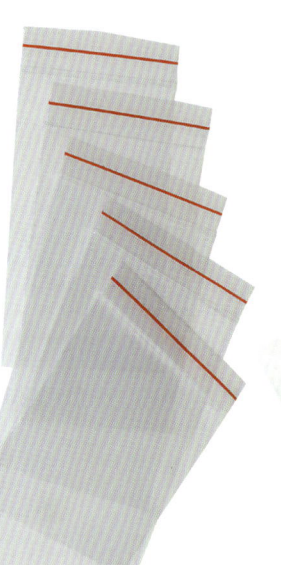

採集花苞、葉片，要吹氣使其略膨脹，防止壓壞。

9.
務必勤清理蟲盒。盒內 2 日沒清潔與更新食材便已發霉，蟲蟲吃了發霉食物會染病死亡。

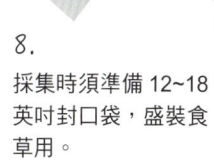

8.
採集時須準備 12~18 英吋封口袋，盛裝食草用。

10.
終齡幼蟲要結蛹時，在盒中放幾根枯枝供選擇化蛹，否則會在杯蓋或杯壁化蛹，拍照就不好看，如果是要做標本就無妨。

蛹的管理與收納

蛹是羽化成蝴蝶的重要時期，因此，蛹之管理與收納便顯得極其重要，不然前段所有用盡心思飼養，就功虧一簣，竹籃打水一場空。應保護、照顧好蝶蛹避免感染、受傷，否則羽化失敗亦是枉然。況且無論是幼蟲或蛹，在飼養或收納蛹時應放置在陰涼通風處，勿置於太陽直射或高溫的場所，在蛹盒底部放一水盤，間接隔離螞蟻侵襲或壁虎鑽入捕食，避禍羽化失敗。

剪下食草保護蝶蛹

化蛹時，如果是結蛹在食草枝葉上，可將蛹枝或蛹葉剪下來，放在室內的收納盒中、插在水瓶中或者套網，來等待蝴蝶羽化。如此可保護蝶蛹安全，免於天敵或天災使蛹體受到傷害，而無法成功羽化。

用珠針將大白斑蝶的蛹固定，等待羽化。

將蛹枝剪下來，吊在特製的軟木塞架保存或展示。

集中管理蝶蛹

　　將收納盒鑽孔，然後將 10mm 珍珠板切條，再用熱溶膠固定於盒子上方，可供珠針固定蛹體，底部則用薄卡紙摺成 V 形溝放蛹，如此集中管理可避免被老鼠、螞蟻等天敵吃掉。再者，越冬蛹或一年一代的蝶蛹，可集中在同一處（盒），每 1~2 日用噴霧器在蛹上噴一些少量的水氣來增加濕度，可避免蛹體過度乾燥而羽化失敗。

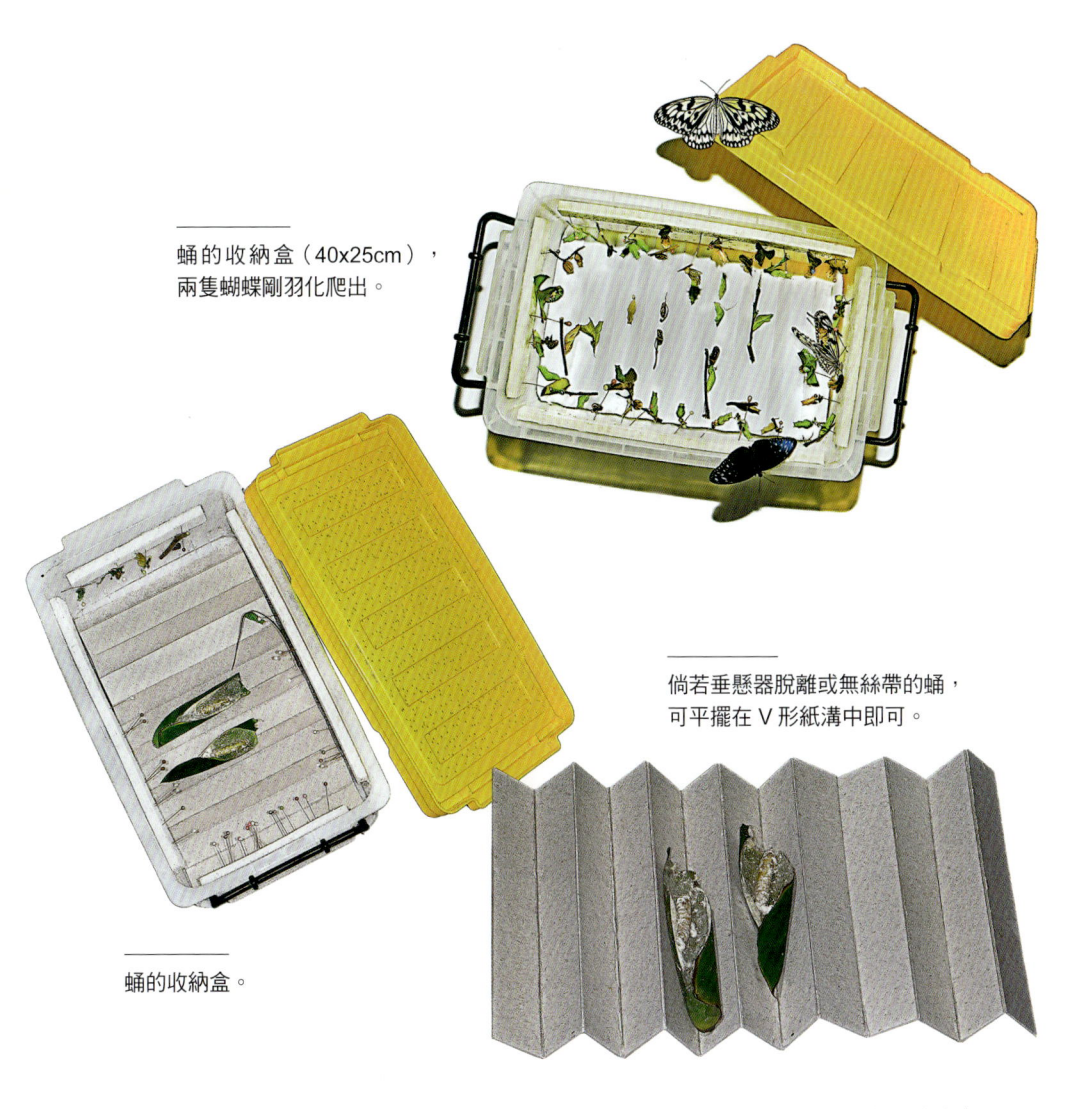

蛹的收納盒（40x25cm），兩隻蝴蝶剛羽化爬出。

倘若垂懸器脫離或無絲帶的蛹，可平擺在 V 形紙溝中即可。

蛹的收納盒。

第 5 章 養蝴蝶，這樣就成功 | 301

固定垂懸器

　　萬一蛹的垂懸器脫離絲座或搖搖欲墜，怎麼辦？使用白膠、保麗龍膠或壓克力膠重新接回去即可。

蛹的垂懸器脫離絲座，可使用白膠重新接回去，降低蝴蝶羽化失敗而死亡。

用白膠重新接回去的蛹，全數羽化成功。

把線在垂懸器打結

蛹

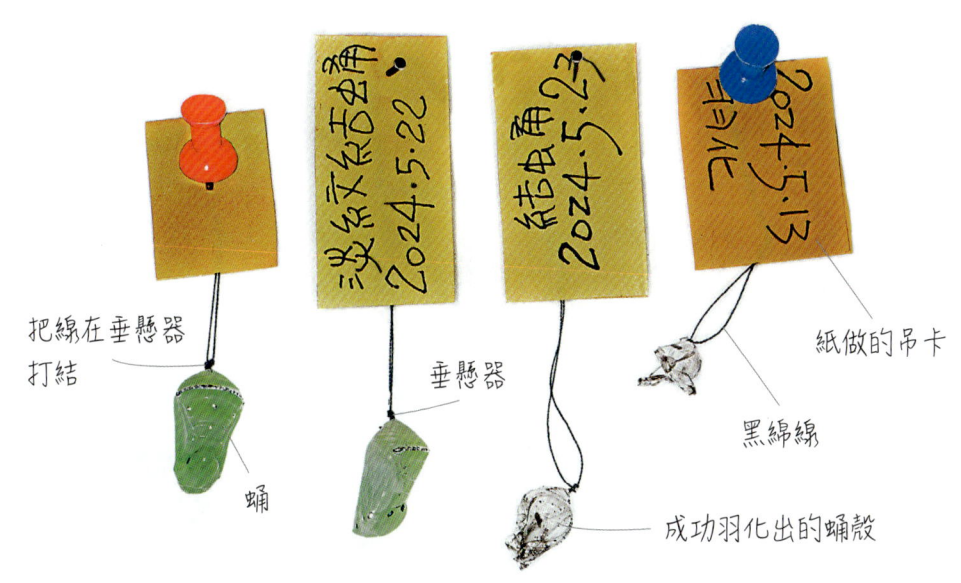

垂懸器

黑棉線

紙做的吊卡

成功羽化出的蛹殼

斑蝶類蛹的垂懸器脫離絲座時，可用黑棉線打結固定等待羽化。

垂懸器用保麗龍膠黏住

水果泡棉

成功羽化的蛹殼

絲帶或垂懸器失能時，可將垂懸器用保麗龍膠黏住。

第 5 章 養蝴蝶，這樣就成功 | 303

常見的病蟲害

　　少量飼養蟲蟲時,以塑膠杯飼養,一旦發現病毒感染,即可拋棄塑膠杯。若大量密集飼養幼蟲時,須定期低毒性藥物消毒,再輪區飼養幼蟲,否則易遭病毒感染。一旦病毒汁液汙染了食草植株,就要放棄植株或自植株近基部切除,使其重新生長新枝條與葉片或隔離感染源。而切除之病源體,應用垃圾袋密封送垃圾場焚燒。如果是大面積感染,應重新消毒或消毀、暫停飼養。

① _ 小紋青斑蝶 5 齡幼蟲,遭病毒感染蟲體黑又臭。
② _ 多姿麝鳳蝶 5 齡幼蟲被多角體病毒所感染,蟲體惡臭難聞。
③ _ 綠斑鳳蝶的蛹遭病毒感染後,體液惡臭難聞,會傳染給其他蟲。
④ _ 白蛺蝶的蛹被黴菌感染,密生黴菌絲後,蛹由綠色轉為乾殼而歿。
⑤ _ 小紫斑蝶的蛹遭病毒感染發黑。
⑥ _ 麝鳳蝶的蛹被病毒感染後,會迅速傳染給其他蟲,應隔離消毀。
⑦ _ 黃裳鳳蝶的卵被黴菌感染,卵表密生黴菌絲。

容器的消毒與清潔

藥劑消毒法

　　先將容器用清潔劑清洗乾淨,再使用藥用酒精擦拭消毒,或將藥用酒精裝入噴霧瓶內噴灑消毒,即可重覆使用飼養容器。

藥用酒精與噴霧瓶。

煮沸法

　　先將容器用清潔劑清洗乾淨,再放入熱水中,煮沸 20~40 分鐘,再取出蔭乾,即可重覆使用飼養容器。
(註:此方法兒童不宜自行操作,以免發生危險。)

日光曝曬法

　　先將容器用清潔劑清洗乾淨,再放在烈日下曝曬 1~2 日,即可重覆使用容器。

高壓蒸氣消毒法

　　此法成本極高,對於一般少量飼養者,不太適用。

蝴蝶飼養須知

① 飼養蝴蝶時,飼養者必須對蝴蝶生態有最基本的認知,並隨時注意飼養環境濕度、溫度、通風的變化,提供正確的幼蟲食草供食用。

② 幼蟲在飼養的過程中,切記勿時常更換不同的幼蟲食草,才不會造成幼蟲不適應,導致發育不良或死亡。尤其終齡時,若更換不同的幼蟲食草,有的蝶種甚至會拒食。有些幼蟲會因此強迫化蛹,羽化出來的蝴蝶體型也會比正常較小。

❸ 幼蟲在進入眠期準備蛻皮時，嚴禁移動蟲體，使其離開絲座，因為移離蟲體，常常會造成蛻皮失敗或死亡。

❹ 幼蟲在進入前蛹時，嚴禁時常移離蟲體或過度搖晃、碰撞，容易造成化蛹失敗，或垂懸器脫離而墜落、死亡。

❺ 幼蟲飼養的密度不可過高與擁擠。小幼蟲（約 1cm 以下）不可直接用手去抓取，可用毛筆或軟性水彩筆來移動小幼蟲，以免小幼蟲受傷。再者，小幼蟲使用小容器，大幼蟲用大容器，容器底層鋪一層報紙、廣告紙或衛生紙來吸濕，也方便清理排泄物和剩餘食草。

❻ 應注意每日更換或補充幼蟲新鮮的食草，以免造成幼蟲發育不良或餓死。在更換植物時，順便清潔幼蟲糞便與飼養容器，檢查幼蟲的活動力，有無病菌感染，如有異狀或感染，應盡快隔離或移除。

❼ 終齡幼蟲在接近化蛹時，可在容器內放置一些小樹枝，方便幼蟲結蛹，或者改放置在盆栽上，套上網袋，以利化蛹和防止幼蟲走失。如果是小型蝶類或隱密性較高的蝶種幼蟲，就可多放一些葉片、枯葉、樹皮、石塊等天然材料，好讓幼蟲化蛹時躲藏。

❽ 在野外如果巧遇卵或幼蟲時，如果不知道幼蟲該吃何種食草，可請教資深蝶友或專家，如果真的不知道食草為何，就不要攜帶回家飼養。

❾ 幼蟲食草如不足夠時，應及早備糧儲存於冰箱冷藏保鮮，以確保蟲蟲能夠飼養至化蛹。如果在野外採集植物，應注意是否有噴灑除草劑、農藥及化學藥劑等汙染源，以避免幼蟲死亡。

❿ 如果雌蝶在網室內的幼蟲食草上產卵，最好當日傍晚就把卵粒收取到室內，存放於保存盒；如此可以避免被夜行性天敵及寄生蜂所寄生或螞蟻啃咬，並記錄產卵日期與蝶種名稱。

⓫ 將飼養的卵、蟲蟲或蝶蛹，集中放在置物架，以方便管理。放架子的位置應選擇在通風良好的地方，並在架腳處放置水盤，以防螞蟻咬食。

⓬ 在野外採集蝶卵時，是一件可遇不可求且費時又費工的事，蝶卵常常遭遇到寄生。因此，可以選擇從雌蝶採卵，所產的蝶卵才不會有寄生的問題。

⓭ 不管用什麼方式取得幼蟲，在不飼養時，絕對不可以任意丟棄。因為蝴蝶的幼蟲僅會食用牠專屬的幼蟲食草，所以，食草錯誤會導致幼蟲死亡。

⓮ 每種幼蟲在飼養結束後，應立即洗手，以避免不同蝶種交互感染的機會。

5-6 蝴蝶生態花園的營造

　　花是植物的繁殖器官，為了吸引各種媒蟲來傳播授粉，演化出各種形形色色、多采多姿的花冠外型來爭奇鬥艷，有的具有濃郁香氣，有的散放淡淡芳香，有的有巧妙機關設計等等；不同花朵的樣貌，皆是大自然費盡心思的傑作。最終目的便是投其所好，來吸引各種不同的蝶種來傳粉。像菊科植物的花朵，特別吸引斑蝶類前來採蜜因而授粉。管狀花則吸引鳳蝶類、弄蝶類的喜愛。長筒狀的花冠則吸引具有長口器的蝶類造訪。花和傳粉者之間，彼此共同演化來適應偌大而複雜的自然環境，以達到繁衍機制，蝴蝶與花兒兩者都受惠，共生共榮豐富大自然。

　　春的緋寒櫻，
　　夏的阿勃勒，
　　秋的楓葉紅，
　　冬的油菜花，
　　在野地隨處可遇見，
　　「數大便是美」的自然景緻，
　　綻放在屬於牠們的季節。

長壽花。

蝴蝶生態花園與園藝觀賞花園的營造是不同功能性質，一種是賞花與生態景觀為主，一種是單純的欣賞。然而，在人工蝴蝶生態花園的營造，並無法與偌大的原野比擬，只能在有限的區域做規劃。要考量因地制宜，先調查該區域有那些蝶種、幼蟲食草、蜜源植物、環境氣候。配合當地的蝶種、生態環境來規畫，吸引其他蟲媒來進駐，達到傳播授粉目的與自然生態的平衡。

　　公園、校園、社區花園，是最貼近人們生活的地方，亦是最方便研究、觀察生態的場所。這些地方皆可營造出別具特色的蝴蝶花園景觀，使人與自然更佳親近融合。不僅美化環境又兼具寓教於樂，也可促進學校與社區的情誼。藉由蝴蝶生態花園的營造，培育蝴蝶種子老師，宣導蝴蝶的保育、復育觀念，何樂而不為呢！

　　打造一座萬紫千紅、花團錦簇的生態花園，除了可供人欣賞，也可吸引蝴蝶、鳥、蛙、蜻蜓等自然使者的造訪；伴隨清風徐來，品味清心寡欲的幸福人生～

1 姹紫嫣紅的花，用香氣來誘蟲垂涎而傳播授粉。一片花園便足以開啟生態人的智慧，調劑靈魂所在。

暨南大學校園植物：花旗木（絨果決明）。

校園花圃：孤挺花。

❷ 能夠將公園、校園、社區花園營造成蝴蝶生態花園，來展露出鄉野風情；享受鬧中取靜的林野悠情，讓人們在臉上洋溢著微笑……這就是「幸福」。

公園：日日春。

矮牽牛。

❸ 最吸睛的蝴蝶與花顏，容易引人遐思；恍若置身在情境裡，有懷思、有驚喜！在午夜夢迴細細品味。

社區花園：金魚草。

社區花園：向日葵。

❹ 一隻蝴蝶，如果能夠親手飼養且目睹蝴蝶羽化，再讓牠從手心飛離，用雙眸祝福牠回歸大自然，消失在湛藍的天際，是一種幸福的感覺～

綠灰蝶雌蝶♀食大花咸豐草花蜜。　　大紅蛺蝶雌蝶♀吸食花蜜。

❺ 寒冬中的花叢間，食客顯得冷冷清清。嬌羞的蝶兒，此時早已消失得無影無蹤，不是在蛹裡，就遷移到溫暖谷地過冬。只有一些不怕冷冽冬風的蝴蝶，在此季活躍飛舞，獨享屬於牠們的遊樂天地。

白粉蝶交配，牠是冬季平地田野常見的蝴蝶。

人工網室蝴蝶園

有的人把剛羽化的蝴蝶，馬上製作成標本來欣賞。有的人把剛羽化的蝴蝶，野放讓牠回歸大自然。有的人放入網室內欣賞牠翩翩飛舞的姿影或產卵。不管是欣賞、製作標本或研究，沒有人願意把繽紛璀璨的蝴蝶關在網室內獨享蝶之美，「獨樂樂，不如眾樂樂」，大自然才是牠真正的家。

蝴蝶是多產的昆蟲，通常雌蝶的一生約可產下 200~500 粒卵。但是，在大自然裡，從「卵→幼蟲→蛹至羽化成蝴蝶」的過程中，大多數會被捕食性與寄生性天敵所捕食，抑或天災、染病、棲息處被人為破壞、汙染等因素而死亡。因此，能夠真正翱翔在天空中和繁衍下一代的蝴蝶其實並不多。這些缺憾，我們便可選擇適合該蝶的環境來建造網室，利用人工飼養來保護與繁殖，使其蝴蝶數量增多，再來野放復育蝴蝶。

建造人工網室蝴蝶園，大部分是為了方便研究觀察、實驗或教育解說而設置。既然蝴蝶園是人工化，當然便不是蝴蝶久居之處。所以，建造蝴蝶園時，就要以合乎該蝶之生態習性為宜，適時的做調整，不然就會適得其反。那應該如何營造適合的蝴蝶棲息環境呢？例如：網室內的環境，需模擬野外環境做佈置，擺放和種植蝴蝶的蜜源植物與幼蟲食草、小型水生池等等基本設施。

花蜜是許多蝴蝶的食物，而花有開有謝是自然的現象，如何提供充足的花朵供蝴蝶吸食花蜜，是管理者必須克服的。因此，網室外就要廣植各種不同的蜜源植物盆栽來更換，尤其是在網室內的蜜源花朵不足時，就能馬上派上用場，以避免蝴蝶餓的懶洋洋。再者，如果是以腐果汁液為食者，就可直接擺放鳳梨、香蕉、水梨等水果供給吸食，或自己浸泡的鳳梨汁液、香蕉汁液與幾盤蜂蜜水供吸食。幼蟲食草更是要完全供應足夠至化蛹，才不會徒勞無功。雖然，過程中很辛苦！「歡喜做，甘願受」是值得的。

一般的蝴蝶觀察網室或溫室，約在40~60坪即可用於教育解說的功能；如果是商業用途，空間越大越好，約250坪以上。主體骨架通常以鍍管或鋼骨材料為常見，外面再罩上白色或黑色百吉網即可使用。

蝴蝶園內步道設施。

蝴蝶園內步道景觀設施。

半開放式蝴蝶園，有網室，也有戶外賞蝶區。

房子形或方形網室：具有較多死角，須注意邊角問題。

隧道式網室：主體以鋅管為主，管徑 1 英吋，間隔 3~4 呎 1 支鋅管；再鋪上百吉網，坪數約 60 坪，高約 15 呎，這樣大概可抵擋一般的颱風，繁殖百種蝴蝶。

溫室型網室，在冬天最好不過了；但是在夏天，須注意調節溫濕度與空氣對流。

網室外種植大量的爬森藤、鐵刀木等蝴蝶幼蟲食草。

網室外種植大量的蜜源植物來供蝴蝶覓食。

此外，寒冷的冬季，在人工網室內，必須做好防寒的準備，防寒可用透明塑膠布做保溫，以免被凍死。或利用小型溫室，使用電暖器設施做加溫，使其溫度高於室外溫度，不至於凍死即可；尤其是在寒流來臨時與夜間時段，但所需的成本甚高，視個人財力而行。

人工網室蝴蝶園，雖然可觀察、實驗或教育解說，但並不是每一蝴蝶都能夠在人工網室內復育成功。大多數人都是選擇一些較具有觀賞價值的蝴蝶在飼養、繁殖；而能夠成功復育多樣化的蝶種卻屈指可數。誠然，善用人工網室雖可使部分蝶種數量增加，而一味近親繁殖，反而造成負面生態；這是在人為主導時，必須嚴肅去面對蝴蝶生態的課題。或者，有些人繁殖一些不是臺灣產的蝴蝶，都應嚴禁逸出，來危害自然生態；不是臺灣應有的蝴蝶，就不要在臺灣繁衍。

網室觀察與戶外觀察，是種截然不同的感受，在網室裡觀察蝴蝶生態，可以或坐或躺，一邊泡茶喝咖啡，一邊看書聽音樂；看著蝴蝶在身旁翩翩飛舞環繞，是一種品味人生。但是在野外，可就沒得那麼閒情逸致，身邊圍繞的則是嗡嗡叫的蚊子、蜂類，或者出其不意的狀況！讓人防不勝防。

近些年來，坊間有許多生態農場，結合賞蝶、甲蟲、焢窯、抓泥鰍、摸蛤兼洗褲等活動，讓網路發達的現代社會，有機會提供給學童體驗昔日農村的田園野趣和認識自然生態知識。說到這兒，情不自禁的憶兒時……，遙憶頑童時光，在三合院的曬穀場，晚間沒什麼消遣，在星空熠熠的夜晚，或臥或坐在長板凳上，聆聽長輩們泡茶煽風、話家常。有時還有螢火蟲在身旁閃爍；恍若沉醉在杜牧七夕：「銀燭秋光冷畫屏，輕羅小扇撲流螢，天階夜色涼如水，臥看牽牛織女星。」的情境，這可能是忙碌的現代人，很難邂逅的。

天使花。

網室蝴蝶園常見設施

　　網室內的環境設施，需因地制宜布置合適的飼養環境，選擇適合的蝶種來飼養並調整。下列簡略介紹：

蝴蝶吸水區

　　利用沙子或泥炭土在地面鋪設吸水區，供蝴蝶吸水；必要時補充尿液供吸食。

幼蟲食草區

　　提供食草、食樹給雌蝶產卵、飼養幼蟲，或活體展示用途。

木柵動物園的活體展示櫃。

蜜源植物區

廣植各種蜜源植物供蝴蝶覓食，例如：百日草、醉蝶花、馬利筋、繁星花、馬纓丹、非洲鳳仙花、金露花、長穗木等富含蜜源的植物，建議盡量種植原生種植物。

蜜源植物區，百日草。

蜜源植物區，醉蝶花。

蜜盤

蜜源植物不足時，蜂蜜水可暫時替代蜜源植物的花蜜供吸食，可依蝴蝶的數量多寡準備 2~3 盤誘蝶吸食。大鳳蝶、紅珠鳳蝶、柑橘鳳蝶等嗜蜜性鳳蝶類，蜂蜜水的比例可調配在 1：10~1：20 之間，蜜盤內放置薄海棉利於蝴蝶吸食。蜂蜜水應 2~3 日就換新，並清潔蜜盤與海棉，避免污垢、異味或發霉產生。

蜜盤。

第 5 章 養蝴蝶，這樣就成功 | 317

腐果盤

不以蜜源植物為食的蝶類，例如：枯葉蝶等蛺蝶類或蔭蝶類，應提供足夠的腐果汁液供給吸食，或將鳳梨、香蕉、水梨、蘋果等水果，直接插在樹上或用網袋、絲襪綁吊在樹上供吸食。腐果盤應 2~3 日更換新鮮浸泡鳳梨汁液或腐果並清洗盤子。

大白斑蝶群聚在腐果盤覓食。

人工浸泡鳳梨、香蕉汁液。

將水果切塊放置在樹上供蝴蝶吸食。

水源

提供各種昆蟲和植物水分，以及調整網室內濕度。可選擇人工或裝設自動噴灑設備來供給水分。

水生池

建造小型水生池或人工溪流與瀑布，可增加環境的濕度。布置栽植一些水生性食草，例如「風箱樹、水社柳、垂柳、小獅子草、水蓑衣屬、野薑花、水禾」等水生食草或「光冠水菊、泥花草、浮萍、水草、茭白筍（菰）等水生蜜源、景觀植物供棲息。池中可飼養大肚魚、孔雀魚、蓋斑鬥魚等魚類來防治蚊蟲滋生，或螢火蟲、螺類、豆娘等水棲生物，營造綠美化。

生態池。

網室重要功能與管理維護

　　網室的重要功能，除了可減少寄生蜂、老鼠、蜥蜴、壁虎、蜘蛛、椿象、螞蟻、螳螂等蝴蝶天敵的入侵，還可保護雌蝶產卵，以獲得健康的蝶卵、幼蟲與蛹，更提供了近距離觀察、飼養和教育解說的安全場域。管理與照護的重點如下：

① 網室內的各種幼蟲食草或蜜源植物，應該定時澆花、施肥、換土、枝葉修剪或更換盆栽，尤其是屬於陽性植物應有充足的日照，以讓植物休養再開花。

② 拔除雜草、維護好環境景觀衛生，避免蚊蟲、蒼蠅、小黑蚊滋生或蝸牛繁衍。

③ 網室內因環境潮濕，地面很容易生長青苔，應注意清除，以免行走滑倒。

④ 網室內的各種幼蟲食草或蜜源植物，應該定期做消毒、殺菌的工作，以利蝴蝶和幼蟲生長。

⑤ 網室內的各種幼蟲食草、蜜源植物或蝶卵、幼蟲、蛹或成蟲，如有病蟲害、感染或發育不良，應移除或搬離現場，以免疫情擴大。

⑥ 食草被幼蟲吃得精光時，應等待植物枝葉恢復生機時，再供給蟲蟲飼養。

⑦ 隨時注意網室有無破洞，有無螞蟻、蜘蛛、老鼠、蜥蜴、壁虎等常見的蝴蝶天敵入侵。

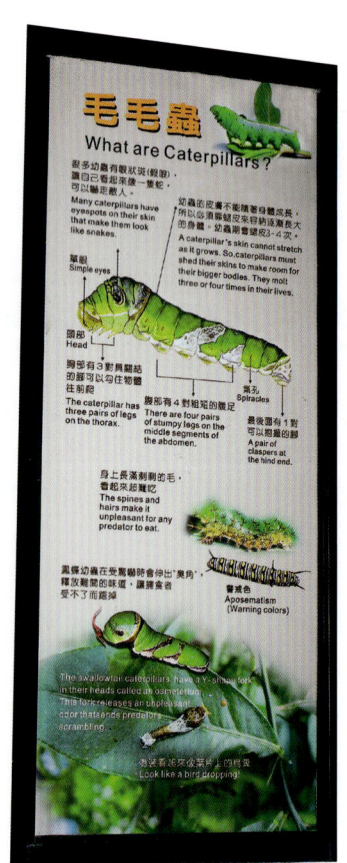

特生中心的蝴蝶生活史解說牌。

第 6 章

25 種蝴蝶
飼養生活史

花鳳蝶（無尾鳳蝶）

科名 鳳蝶科

學名 | *Papilio demoleus* Linnaeus, 1758

尋覓地點 | 本蝶種極常見，主要活動於開闊庭院、公園、學校、柑橘園或淺山地有柑橘屬植物分布的產業道路或疏林環境。

採卵方式 |
1. 捕捉雌蝶網室採卵。
2. 種植柑橘屬植物來吸引雌蝶產卵，此法成功率頗高。
3. 雌蝶喜愛將卵單產於新芽、新葉，幼蟲常棲息於葉表，可從野外柚、檸檬、柳丁、臺灣香檬、四季橘等柑橘屬的葉片上採集蝶卵或幼蟲。尋獲時，須採集適量的新鮮葉片放入封口袋，存放在冰箱保鮮供飼養。

飼養方式 |
1. 在食草上套網飼養，並常清理糞便與觀察幼蟲生活變化，等到化蛹時，再將蛹剪下存放，等待蝴蝶羽化。
2. 利用盆栽、大容器來飼養，底部須放置水盤，以隔離螞蟻捕食和增加溼度，擺放在陰涼通風處即可。

① 卵產於四季橘新芽上，黃色，圓形，徑約 1.1 mm，7月分卵期 3~4 日。
② 1 齡幼蟲，體長 5mm。1~5 齡幼蟲期約 17 天。
③ 2 齡幼蟲，體長約 10 mm，體表各節具有小錐突。幼蟲容易飼養、尋找，很適合做為生活史觀察、教育解說之題材。
④ 3 齡幼蟲側面，腹背中央具有淺黃白色斑紋，體長約 14 mm。
⑤ 4 齡幼蟲背面，體長約 28mm。1~4 齡幼蟲暗褐色，外觀摹擬像條狀鳥糞。

⑥ _ 5齡幼蟲（終齡初期，體長約24mm），蟲體綠色至黃綠色，體側在第4、5與6腹節具有褐色斜斑紋和小斑紋，斑紋色澤由淺至深皆有做環境保護色，腹足褐色。

⑦ _ 5齡幼蟲受到驚擾時，會伸出氣味刺鼻之臭角，以威嚇驅離不速之客。牠的臭角上半部紅橙色，下半部黃橙色，正是牠的重要特徵，其他同樣以芸香科柑橘屬為食草之幼蟲，臭角大多呈現單色系，本種臭角是雙色。

⑧ _ 蛹為帶蛹，有綠色和褐色型，體長約30mm，寬約10.5mm。7月分蛹期10~12日。

⑨ _ 花鳳蝶的外觀與柑橘鳳蝶有幾分神似，柑橘鳳蝶後翅具有尾突，而本種後翅無尾突，故稱無尾鳳蝶，兩者藉此可區別。（雄蝶♂展翅日光浴）

⑩ _ 花鳳蝶是鄉野都會常見蝴蝶，雌蝶喜愛將卵產於食草新芽與嫩葉上，很容易在居家、公園的金橘盆栽上發現幼蟲。

第6章 25種蝴蝶飼養生活史 | 323

玉帶鳳蝶

科名｜鳳蝶科

學名｜ *Papilio polytes polytes* Linnaeus, 1758

尋覓地點｜ 本蝶種極常見，主要活動於開闊庭院、公園、學校、柑橘園或淺山地有柑橘屬植物分布的產業道路或疏林環境。

採卵方式｜
1. 捕捉雌蝶網室採卵或套網。
2. 種植柑橘屬植物來吸引雌蝶產卵，此法成功率頗高。
3. 雌蝶喜愛將卵產於新芽、新葉，幼蟲常棲息於葉表，可從野外柚、檸檬、柳丁、臺灣香檬、四季橘等柑橘屬的葉片上採集蝶卵或幼蟲。尋獲時，須採集適量的新鮮葉片放入封口袋，存放在冰箱保鮮供飼養。

飼養方式｜
1. 在食草上套網飼養，並常清理糞便與觀察幼蟲生活變化，等到化蛹時，再將蛹剪下存放，等待蝴蝶羽化。
2. 利用盆栽、大容器來飼養，底部須放置水盤，以隔離螞蟻捕食和增加溼度，擺放在陰涼通風處即可。

①_ 卵圓形，黃色，高約 1mm，徑約 1.1mm。7月分卵期 3~4 日。
②_ 1 齡幼蟲背面，體長約 5mm。1~5 齡幼蟲期約 18 天。
③_ 2 齡幼蟲背面，腹背中央與尾端具有白色斑紋，體長約 9mm。
④_ 3 齡幼蟲背面，體表平滑中段小錐突稀疏，僅前後錐突較明顯，體長約 13 mm。

⑤_4齡幼蟲背面，體長約20 mm，第7腹節至尾端的白斑相連呈U型。⑥_5齡幼蟲（終齡），體長28~46mm。臭角紅色。蟲體綠色，體側在第4、5與6腹節，具有褐色白邊之斜斑紋。⑦_蛹為帶蛹，有綠色和褐色型，蛹長約33 mm，寬約13 mm。7月分蛹期7~9日。⑧_雄蝶♂正在吸食毬蘭花蜜（白帶型）。⑨_玉帶鳳蝶／雌蝶有「白帶型」和「紅斑型」2型。紅斑型雌蝶♀正在吸食馬利筋花蜜，外觀近似紅紋鳳蝶。

紅珠鳳蝶（紅紋鳳蝶）

科名 鳳蝶科

學名	*Pachliopta aristolochiae interpositus* Fruhstorfer, 1904
尋覓地點	本蝶種極常見，主要活動於淺山地有大量馬兜鈴植物分布的產業道路或疏林環境。
採卵方式	1. 捕捉雌蝶網室採卵。 2. 種植臺灣馬兜鈴或港口馬兜鈴來吸引雌蝶產卵，此法成功率頗高。 3. 雌蝶喜愛將卵產於葉或莖上，幼蟲常棲息於藤莖或葉背，可從野外瓜葉馬兜鈴、臺灣馬兜鈴、港口馬兜鈴等馬兜鈴屬的葉片上採集蝶卵或幼蟲。尋獲時，須採集適量的新鮮葉片放入封口袋，存放在冰箱保鮮供飼養。
飼養方式	1. 在食草上套網飼養，並常清理糞便與觀察幼蟲生活變化，等到化蛹時，再將蛹剪下存放，等待蝴蝶羽化。 2. 利用盆栽、大容器來飼養，忌諱高密度、不通風的環境飼養；底部須放置水盤，以隔離螞蟻捕食和增加溼度，擺放在陰涼通風處即可。

①_ 卵紅橙色，近圓形，高約 1.5mm，徑約 1.3mm，卵表有小瘤突狀的雌蝶分泌物。7月分卵期 5~6 日。②_1 齡幼蟲，體長約 3mm。1~5 齡幼蟲期約 21 天。③_2 齡幼蟲背面，體長約 8mm。2 齡以後體色為暗紅色至紅黑色。④_3 齡幼蟲側面，體長約 15mm。幼蟲正在食臺灣馬兜鈴嫩莖。

⑤_4齡幼蟲背面，體長約24mm。2~5齡幼蟲外觀相似，僅大小差異不同，在第3腹節明顯具有白環紋，所以大小在圖片上不易區別。⑥_5齡幼蟲，體長29~45 mm。臭角黃橙色。蟲體紅黑色或暗紅色。⑦_蛹為帶蛹，淺褐色，蛹長約30 mm，寬約15mm。7月分蛹期10~12日。

紅珠鳳蝶交配，上♂下♀。

長尾麝鳳蝶（臺灣麝香鳳蝶）

科名 鳳蝶科

學名｜ *Byasa impediens febanus* Fruhstorfer, 1908 特有亞種

尋覓地點｜ 常見蝶種，主要活動於淺山地有馬兜鈴植物分布的產業道路或疏林環境。

採卵方式｜
1. 捕捉雌蝶網室採卵或人工套網。
2. 種植臺灣馬兜鈴或港口馬兜鈴來吸引雌蝶產卵，此法成功率頗高。
3. 雌蝶喜愛將卵產於葉和莖，幼蟲常棲息於藤莖或葉背，可從野外瓜葉馬兜鈴、臺灣馬兜鈴、港口馬兜鈴等馬兜鈴屬的葉片上採集蝶卵或幼蟲。尋獲時，須採集適量的新鮮葉片放入封口袋，存放在冰箱保鮮供飼養。

飼養方式｜
1. 在食草上套網飼養，忌高溫不通風環境，並常清理糞便與觀察幼蟲生活變化，等到化蛹時，再將蛹剪下存放，等待蝴蝶羽化。
2. 利用盆栽、大容器來飼養，忌諱高密度、不通風的環境飼養；底部須放置水盤，以隔離螞蟻捕食和增加溼度，擺放在陰涼通風處即可。

① 卵 3 粒產於臺灣馬兜鈴嫩莖。② 1 眠幼蟲準備蛻皮，體長約 5.5mm。
③ 2 齡幼蟲側面，體長約 8.5mm。幼蟲不具群聚性，與麝香鳳蝶幼蟲具有群聚性習性不同。
④ 3 齡幼蟲背面，體長約 18mm。1~5 齡幼蟲期約 25 天。

長尾麝鳳蝶／雌蝶 ♀ 食繁星花。

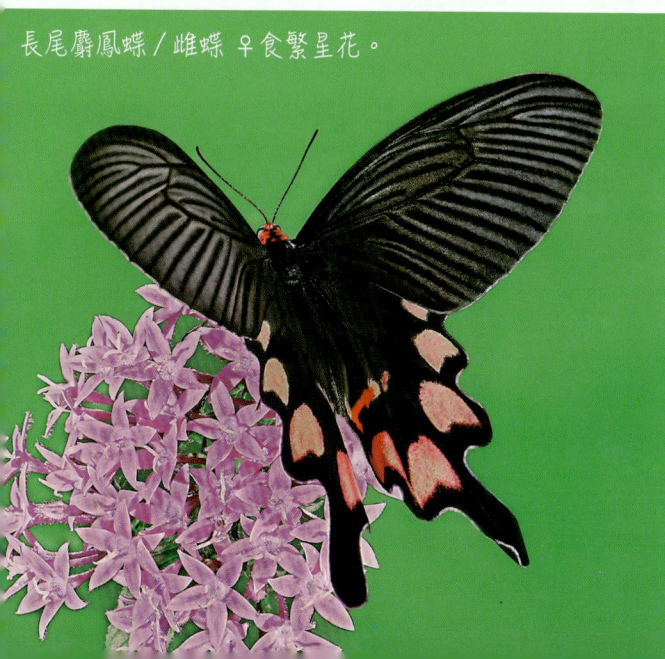

⑤_ 4齡幼蟲背面，體長約24mm。在第3、4與7腹節，具有米白色之肉棘。

⑥_ 5齡幼蟲（終齡），體長30～48mm，臭角黃橙色，蟲體帶灰的紅褐色，在第3、4節具有2對長約4.6mm白色長肉棘，比麝香鳳蝶的肉棘長。

⑦_ 蛹為帶蛹，長約29mm，寬約16mm。9月分蛹期11～13日。

⑧_ 外觀與麝香鳳蝶近似，唯本種後翅斑紋粉紅色，體型與斑紋較麝香鳳蝶大（雌蝶♀）。

8 長尾麝鳳蝶／雌蝶 ♀

翠鳳蝶（烏鴉鳳蝶）

科名｜鳳蝶科

學名｜ *Papilio bianor thrasymedes* Fruhstorfer, 1909　特有亞種

尋覓地點｜ 常見蝶種，主要活動於平地、淺山地有大量食草分布的產業道路或疏林環境。

採卵方式｜
1. 捕捉雌蝶網室採卵。
2. 捕捉雌蝶利用大網袋或網箱來套網採卵。
3. 雌蝶喜愛將卵單產於葉背，幼蟲常棲息於葉表，可從野外四季橘、橘柑、檸檬、賊仔樹、食茱萸的幼蟲食草葉片上採集蝶卵或幼蟲。尋獲時，須採集適量的新鮮葉片放入封口袋，存放在冰箱保鮮供飼養。

飼養方式｜
1. 在食草上套網飼養，並常清理糞便與觀察幼蟲生活變化，等到化蛹時，再將蛹剪下存放，等待蝴蝶羽化。
2. 利用盆栽、大容器來飼養，底部須放置水盤，以隔離螞蟻捕食和增加溼度，擺放在陰涼通風處即可。

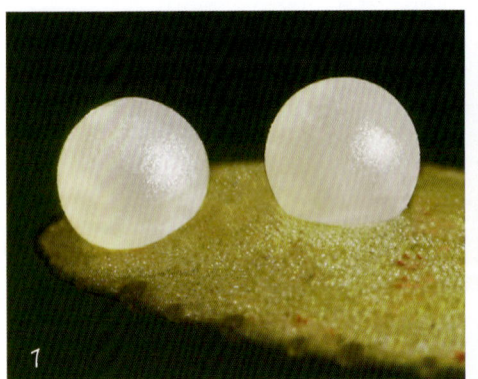

①_ 卵淺綠白色，近圓形，徑約 1.4 mm。7 月分卵期 3~4 日。
②_ 1 齡幼蟲，體長約 4 mm。小肉棘具有長毛。1~5 齡幼蟲期約 23 天。
③_ 2 齡幼蟲側面，長約 10 mm。體色橄欖黃，小肉棘具有短毛。
④_ 3 齡幼蟲背面，長約 15 mm。

⑤_ 4齡幼蟲背面，體長約23mm。蟲體色澤綠色至暗綠色，在第2~3節體側具有白色斑紋。

⑥_ 5齡幼蟲（終齡）臭角淺黃橙色，蟲體綠色，體長28~45mm。當受到外力驚擾時，會昂首左右搖晃，並伸出黃橙色的臭角，外觀模擬似小蛇吐蛇信狀，藉此威嚇敵。

⑦_ 蛹為帶蛹，有綠色或褐色型，長約34mm，寬約14mm。8月分蛹期9~11日。

⑧_ 翠鳳蝶（烏鴉鳳蝶）／雄蝶♂吸食龍船花花蜜。

⑨_ 翠鳳蝶（烏鴉鳳蝶）／雌蝶♀吸食仙丹花花蜜。

大白紋鳳蝶（臺灣白紋鳳蝶）

科名	鳳蝶科

學名｜ *Papilio nephelus chaonulus* Fruhstorfer, 1902

尋覓地點｜ 常見蝶種，主要活動於淺山地有食草分布的產業道路或疏林環境。

採卵方式｜
1. 捕捉雌蝶網室採卵。
2. 雌蝶喜愛將卵單產於葉背，幼蟲常棲息於葉表，可從野外賊仔樹、吳茱萸、飛龍掌血、食茱萸的幼蟲食草葉片上採集蝶卵或幼蟲。尋獲時，須採集適量的新鮮葉片放入封口袋，存放在冰箱保鮮供飼養。

飼養方式｜
1. 在食草上套網飼養，並常清理糞便與觀察幼蟲生活變化，等到化蛹時，再將蛹剪下存放，等待蝴蝶羽化。
2. 利用盆栽、大容器來飼養，底部須放置水盤，以隔離螞蟻捕食和增加溼度，擺放在陰涼通風處即可。

①_ 卵淺黃色，近圓形，高約 1.2 mm，徑約 1.4 mm。8月分卵期 4~5 日。
②_ 1 齡幼蟲，體長約 3mm。1~5 齡幼蟲期約 23 天。
③_ 2 齡幼蟲背面，蟲體黃褐色，體長約 9 mm。
④_ 3 齡幼蟲背面，體長約 17 mm。3 與 4 齡相近，體色黃褐色。

8 大白紋鳳蝶 ♀

⑤_ 4齡幼蟲側面，體長約 23 mm。第 2~4 腹節具有淺黃色斜紋。

⑥_ 5齡幼蟲（終齡），臭角紅色，蟲體黃綠色，體側在第 4、5 與 6 腹節具有橄欖色斜斑紋，體長 30~47 mm。

⑦_ 蛹為帶蛹，有綠色、褐色或綠褐色型，長約 38 mm，寬約 14mm。8月分蛹期 8~10 天。

⑧_ 大白紋鳳蝶／雌蝶♀羽化後在休息。

⑨_ 大白紋鳳蝶／雄蝶♂正在吸食馬纓丹花蜜。

333

黑鳳蝶

科名 鳳蝶科

學名	*Papilio protenor protenor* Cramer, 1775
尋覓地點	常見種，主要活動於開闊庭院、公園、學校、柑橘園或淺山地有柑橘屬植物分布的產業道路或疏林環境。
採卵方式	1. 捕捉雌蝶網室採卵或人工套網。 2. 種植柑橘屬植物來吸引雌蝶產卵。 3. 雌蝶喜愛將卵產於新芽、新葉，幼蟲常棲息於葉表，可從野外「柚、檸檬、柳丁、臺灣香檬、四季橘」等柑橘屬的葉片上採集蝶卵或幼蟲。尋獲時，須採集適量的新鮮葉片放入封口袋，存放在冰箱保鮮供飼養。
飼養方式	1. 在食草上套網飼養，並常清理糞便與觀察幼蟲生活變化，等到化蛹時，再將蛹剪下存放，等待蝴蝶羽化。 2. 利用盆栽、大容器來飼養，底部須放置水盤，以隔離螞蟻捕食和增加溼度，擺放在陰涼通風處即可。

①_ 卵黃色，圓形，高約 1.5 mm，徑約 1.6 mm，6月分卵期 4~5 日。
②_ 1 齡幼蟲背面，體長約 5mm。1~5 齡幼蟲期約 22 天。
③_ 2 齡幼蟲體長約 7 與 10mm 棲息於柚葉葉表。
④_ 3 齡幼蟲側面，體長約 17mm。在第 2~4 腹節和尾端具有白斑紋。

5 大白斑

⑤_ 4 齡幼蟲背面，體長約 27 mm。尾端在第 7~9 腹節，具有大面積白斑紋為本種幼蟲特徵。

⑥_ 5 齡幼蟲，臭角紅紫色。蟲體綠色，體長 28~50mm，在第 4~5 節有 V 形，及第 6 節有環狀的褐色斑紋。

⑦_ 蛹為帶蛹，有綠色或褐色、綠褐色型，長約 39 mm，寬約 14 mm。8 月分蛹期 10~12 日。

⑧_ 黑鳳蝶／雄蝶♂吸食龍船花花蜜。

⑨_ 黑鳳蝶／雌蝶♀正在吸食金露花花蜜。

8 黑鳳蝶♂

9 黑鳳蝶♀

第 6 章 25 種蝴蝶飼養生活史 | 335

淡紋青斑蝶

科名 蛺蝶科

學名｜ *Tirumala limniace limniace* Cramer，1775

尋覓地點｜ 本蝶種很常見，主要出現於中南部和東南部，有「華他卡藤」分布的濱海、鐵路旁或登山步道、疏林環境都很容易尋獲。尋獲時，須採集適量的新鮮葉片放入封口袋，存放在冰箱保鮮供飼養。

採卵方式｜ 1. 捕捉雌蝶網室採卵或在食草葉背找卵或幼蟲，也可種植華他卡藤吸引雌蝶來產卵，此法極易成功。
2. 捕捉雌蝶利用大網袋或網箱來套網採卵。

飼養方式｜ 1. 在食草上套網飼養，忌高溫不通風環境，並常清理糞便與觀察幼蟲生活變化，等到化蛹時，再將蛹剪下存放，等待蝴蝶羽化。
2. 利用盆栽、700cc 以上的飼養盒來飼養，底部須放置水盤，以隔離螞蟻捕食和增加溼度，擺放在陰涼通風處即可。

① 卵白色，橢圓形，高約 1 mm，徑約 0.8 mm，卵表具有凹凸刻紋，6月分卵期 3~4 日。
② 1齡幼蟲，體長約 3.5mm，幼蟲會在成熟葉背上啃食葉表皮成圓形狀的行為，藉此阻斷過多汁液，以利進食。③ 2齡幼蟲側面，體長約 8 mm。2~5齡幼蟲外觀近似，具有黑白相間的警戒色。
④ 3齡幼蟲背面，體長約 15mm。1~5齡幼蟲期約 18 天。

8 淡紋青斑蝶♀

淡紋青斑蝶／雄蝶♂訪花。

⑤_ 4齡幼蟲側面，體長約22mm。4齡後體色常會出現黃色型。
⑥_ 5齡幼蟲（終齡），體長23~41 mm。體表具有淡黃色和黑白相間的環狀紋；在中胸與第8腹節共有2對肉突。
⑦_ 蛹為垂蛹。長約20mm，寬約11.5 mm。6月分蛹期8~9日。
⑧_ 淡紋青斑蝶／雌蝶♀展翅飛舞訪花。

小紫斑蝶

科名
蛺蝶科

學名 | *Euploea tulliolus koxinga* Fruhstorfer, 1908 特有亞種

尋覓地點 | 常見蝶種，主要出現於有「盤龍木」分布的濱海、路旁或登山步道、疏林環境。幼蟲目前僅記錄以桑科「盤龍木」新芽、新葉為食，成熟葉不食。尋獲時，須採集適量的新鮮嫩葉放入封口袋，存放在冰箱保鮮供飼養。

採卵方式 | 1. 捕捉雌蝶網室採卵或在食草新芽找卵與幼蟲，也可種植盤龍木吸引雌蝶來產卵。
2. 捕捉雌蝶利用大網袋或網箱來套網採卵。

飼養方式 | 1. 在食草上套網飼養，並常清理糞便與觀察幼蟲生活變化，等到化蛹時，再將蛹剪下存放，等待蝴蝶羽化。
2. 利用盆栽、700cc 以上的飼養盒來飼養，底部須放置水盤，以隔離螞蟻捕食和增加溼度，擺放在陰涼通風處即可。

① 卵產於盤龍木新芽。淡黃色，橢圓形，高約 1.4 mm，徑約 1.0 mm，卵表具有凹凸刻紋，5 月分卵期 3~4 日。② 1 眠幼蟲休息，準備蛻皮成 2 齡，體長約 4.5mm。③ 2 齡幼蟲背面，體長約 8mm，可見短肉突與細紋。④ 3 齡幼蟲背面，體長約 11mm。肉突明顯增長，體表可見環紋。

小紫斑蝶交配
(上♂下♀)

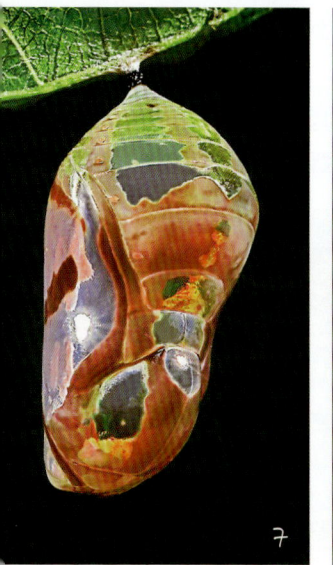

⑤ 4齡幼蟲側面，體長約19mm。1~5齡幼蟲期約17天。
⑥ 5齡幼蟲（終齡），體長21~34mm。蟲體深紅褐色，具有白色環狀紋，在中、後胸與第8腹節，共有3對深紅褐色的長肉質突起。
⑦ 蛹為垂蛹。黃綠色或黃褐色、紅褐色，體長約16mm，寬約8mm。6月分蛹期8~9日。
⑧ 小紫斑蝶／雄蝶♂吸食高士佛澤蘭花蜜。

第6章 25種蝴蝶飼養生活史 | 339

網絲蛺蝶（石牆蝶）

科名
蛺蝶科

學名	*Cyrestis thyodamas formosana* Fruhstorfer, 1898 特有亞種
尋覓地點	常見蝶種，主要出現於桑科榕屬澀葉榕等植物，有食草分布的野溪旁、路旁或登山步道、疏林都很容易尋獲。
採卵方式	1. 捕捉雌蝶網室採卵或在食草新芽找卵與幼蟲，也可種植榕屬食草吸引雌蝶來產卵。 2. 捕捉雌蝶利用大網袋或網箱來套網採卵。幼蟲以新芽、新葉為食。尋獲時，須採集適量的新鮮嫩葉片放入封口袋，存放在冰箱保鮮供飼養。
飼養方式	1. 在食草上套網飼養，並常清理糞便與觀察幼蟲生活變化，等到化蛹時，再將蛹剪下存放，等待蝴蝶羽化。 2. 利用盆栽、700cc 以上的飼養盒來飼養，底部須放置水盤，以隔離螞蟻捕食和增加溼度，擺放在陰涼通風處即可。

①_ 卵黃色，近圓形，高約 0.7 mm，徑約 0.7 mm，卵表有細縱稜，6月分卵期 3~4 日。
②_ 1 齡幼蟲背面，體長約 3.5mm。體色淺黃綠色，肉棘未長出，僅以嫩芽為食。
③_ 2 齡幼蟲背面，體長約 5.5mm。已長出小肉棘。
④_ 3 齡幼蟲背面，紅褐色，體長約 13mm。1~5 齡幼蟲期約 17 天。

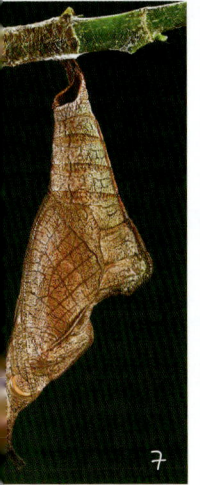

⑤ 4齡幼蟲側面，體長約 19mm。體色轉為綠色，具有長肉棘。

⑥ 5齡幼蟲（終齡），體長 21~33mm，頭頂具有一對長約 7mm 的彎形犄角。蟲體綠色至黃綠色，在第 2、8 腹節背部中央各有一條長肉棘。

⑦ 蛹為垂蛹，褐色，模擬似枯葉，體長約 26mm，側面寬約 8.5mm。頭頂具有一對合併狀長突起。6月分蛹期約7日。

⑧ 剛羽化不久休息中的雌蝶♀。

⑨ 網絲蛺蝶喜愛吸食各種野花花蜜、落果、濕地水分、動物排泄物或小生物屍體、日光浴（雌蝶♀展翅日光浴）。

9 網絲蛺蝶 ♀

341

殘眉線蛺蝶（臺灣星三線蝶）

科名
蛺蝶科

學名 | *Limenitis sulpitia tricula* Fruhstorfer, 1908 特有亞種

尋覓地點 | 常見蝶種，主要活動於淺山地有食草族群分布的產業道路、登山步道或疏林環境。

採卵方式 |
1. 捕捉雌蝶網室採卵。
2. 捕捉雌蝶利用大網袋或網箱來套網採卵。
3. 雌蝶喜愛將卵單產於成熟葉片葉尖或葉背上，幼蟲棲息葉表之葉脈處，並利用糞便與碎葉製作糞橋來偽裝，野外可從裡白忍冬、忍冬的植物葉片上採集蝶卵或幼蟲。尋獲時，須採集適量的新鮮成熟葉片放入封口袋，存放在冰箱保鮮供飼養。

飼養方式 |
1. 在食草上套網飼養，飼養時不宜常移換蟲座，並觀察幼蟲生活變化，等到化蛹時，再將蛹剪下存放，等待蝴蝶羽化。
2. 利用盆栽、700cc 以上的飼養盒來飼養，底部須放置水盤，以隔離螞蟻捕食和增加溼度，擺放在陰涼通風處即可。

① 卵綠色，卵圓形，直徑約 1.2mm，高約 1.0mm。卵表具有六角狀凹凸刻紋與細刺毛，7 月分卵期 4~5 日。

② 1 齡幼蟲，體長約 3mm，棲息在糞橋上偽裝。

③ 2 齡幼蟲側面，體長約 4.5 mm，棘刺不明顯。1~3 齡為褐色，外觀似小枯枝。

④ 3 齡幼蟲側面，體長約 8 mm。1~4 齡幼蟲皆為褐色，棲息於蟲巢糞橋上偽裝成枯枝、殘葉狀。

利用枯葉、
糞便偽裝

蟲

5

6

殘眉線蛺蝶／雌蝶♀
曬太陽。

7

8 殘眉線蛺蝶♂

⑤_ 4齡幼蟲背面，體長17 mm，棲息在蟲座與糞橋上做偽裝。1~5齡幼蟲期約24天。

⑥_ 5齡幼蟲（終齡），蟲體綠色，體長18~33 mm，在中、後胸與第2、7、8腹節具有長棘刺。

⑦_ 垂蛹，化蛹於裡白忍冬枝條。

⑧_ 殘眉線蛺蝶／雄蝶♂展翅。

第 6 章 25 種蝴蝶飼養生活史 | 343

琉璃蛺蝶

科名 蛺蝶科

學名 | *Kaniska canace drilon* Fruhstorfer, 1908 特有亞種

尋覓地點 | 常見蝶種，主要活動於淺山地有菝葜屬「糙莖菝葜、菝葜」等食草族群分布的產業道路、登山步道或疏林、林緣環境。

採卵方式 |
1. 捕捉雌蝶網室採卵。
2. 捕捉雌蝶利用大網袋或網箱來套網採卵，此法極易成功。
3. 雌蝶喜愛將卵產於成熟葉片上，幼蟲食熟葉並棲息葉背，野外可從糙莖菝葜、菝葜的植物葉片上採集蝶卵或幼蟲。尋獲時，須採集適量的新鮮成熟葉片放入封口袋，存放在冰箱保鮮供飼養。

飼養方式 |
1. 在食草上套網飼養，忌高溫不通風環境，並常清理糞便與觀察幼蟲生活變化，等到化蛹時，再將蛹剪下存放，等待蝴蝶羽化。
2. 利用盆栽、700cc 以上的飼養盒來飼養，底部須放置水盤，以隔離螞蟻捕食和增加溼度，擺放在陰涼通風處即可。

①_ 卵綠色，近圓形，高約 1.0mm，徑約 0.9mm。卵表約有 10 條細縱稜，6月分卵期 3~4 日。
②_ 1 齡幼蟲，體長約 4mm，即有能力啃食成熟葉背表皮。
③_ 2 齡幼蟲背面，體長約 7mm，蟲體各節密生黃色棘刺，啃食成熟葉背表皮成洞洞葉。
④_ 3 齡幼蟲，體長約 8.5mm。蟲體黑白色相間環紋漸漸明顯。

琉璃蛺蝶／雄蝶♂覓食。

⑤ 4齡幼蟲，體長約20mm。蟲體轉為紅褐色，長棘刺尖銳。1~5齡幼蟲期約20天。

⑥ 5齡幼蟲，紅褐色，體長23~44mm。幼蟲休息時，蟲體常呈現弧形或J形狀。

⑦ 蛹為垂蛹，紅褐色至褐色，體長約28mm，寬約8mm。頭頂具有一對牛角狀錐突。7月分蛹期7~8日。

⑧ 翅背深藍黑色，具有淡藍色寬帶紋，喜愛在路旁尋覓地面上的芬芳美味及濕地水分（雌蝶♀覓食）。

眼蛺蝶（孔雀蛺蝶）

科名
蛺蝶科

學名｜ *Junonia almana* Linnaeus, 1758

尋覓地點｜ 本蝶種極常見，主要活動於平地、淺山地，有食草族群分布的產業道路、登山步道或疏林、林緣、田野、溼地等環境。

採卵方式｜
1. 捕捉雌蝶網室採卵。
2. 捕捉雌蝶利用大網袋或網箱來套網採卵，此法極易成功。
3. 雌蝶喜愛將卵產於嫩葉上，幼蟲棲息葉背，野外可從泥花草、賽山藍等的植物葉片上採集蝶卵或幼蟲。尋獲時，須採集適量的新鮮成熟葉片放入封口袋，存放在冰箱保鮮供飼養。

飼養方式｜
1. 在食草上套網飼養，並常清理糞便與觀察幼蟲生活變化，等到化蛹時，再將蛹剪下存放，等待蝴蝶羽化。
2. 利用盆栽、700cc 以上的飼養盒來飼養，底部須放置水盤，以隔離螞蟻捕食和增加溼度，擺放在陰涼通風處即可。

① 卵綠色，近圓形，高約 0.6mm，徑約 0.7mm，卵約有 12 條細縱稜，10 月分卵期 3~4 日。
② 1 齡幼蟲後期，體長約 3.5mm。常躲藏在新葉咬痕隱密處。
③ 2 齡幼蟲，體長約 6mm。棘刺基部黃橙色斑不明顯。
④ 3 齡幼蟲，黑色，體長約 13mm。前胸與棘刺基部具有黃橙色斑紋。

8 眼蛺蝶 ♂

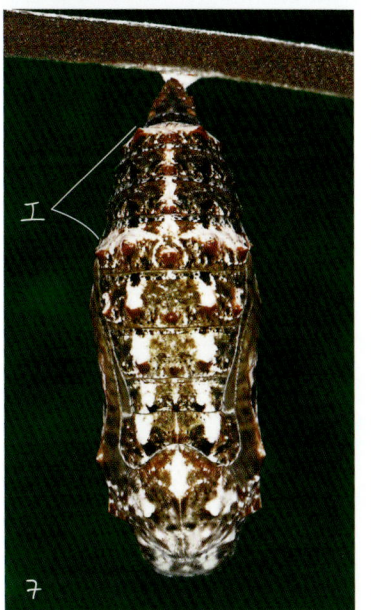

⑤_ 4齡幼蟲，體長約19mm，3~4齡蟲體外觀差異不大。1~5齡幼蟲期約17天。
⑥_ 5齡幼蟲（終齡，褐色型），體長約42mm。
⑦_ 垂蛹，深褐色，體長約21mm，寬約7mm，在第4~8節具有「工」字狀白斑紋，10月分蛹期7~8日。
⑧_ 眼蛺蝶／雄蝶♂吸食大花咸豐草花蜜。
⑨_ 眼蛺蝶／雌蝶♀展翅曬太陽。

第 6 章 25 種蝴蝶飼養生活史 | 347

豆環蛺蝶（琉球三線蝶）

科名
蛺蝶科

學名｜ *Neptis hylas luculenta* Fruhstorfer, 1907

尋覓地點｜ 本蝶種極常見，舉凡庭院、公園、學校、溪旁或淺山地有食草分布的產業道路、登山步道或疏林環境都很容易尋獲。

採卵方式｜
1. 捕捉雌蝶網室採卵。
2. 捕捉雌蝶利用大網袋或網箱來套網採卵。
3. 雌蝶喜愛將卵單產於成熟葉片，幼蟲棲息葉表之葉脈處，並利用糞便與碎葉來偽裝，野外可從爪哇大豆、山葛、曲毛豇豆等約90多種豆科的植物葉片上採集蝶卵或幼蟲。尋獲時，須採集適量的新鮮成熟葉片放入封口袋，存放在冰箱保鮮供飼養。

飼養方式｜
1. 在食草上套網飼養，並常清理糞便與觀察幼蟲生活變化，等到化蛹時，再將蛹剪下存放，等待蝴蝶羽化。
2. 利用盆栽、700cc以上的飼養盒來飼養，底部須放置水盤，以隔離螞蟻捕食和增加溼度，擺放在陰涼通風處即可。

豆環蛺蝶1齡幼蟲，體長約3.4mm食三裂葉扁豆。

①_ 卵綠色，卵圓形，徑約0.8mm，高約0.9mm。卵表具有六角狀凹凸刻紋與細刺毛。9月分卵期3~4日。
②_ 1齡幼蟲，體長約3mm。棲於三裂葉扁豆，並利用細小碎葉片做偽裝。
③_ 2齡幼蟲，體長5.5mm，食銳葉山黃麻。
④_ 3齡幼蟲側面，體長約10mm。頭胸部抬起時，外觀似馬又像狗。

⑤_ 4齡幼蟲側面，體長約15 mm。1~5齡幼蟲期約17天。

⑥_ 5齡幼蟲（終齡），體長16~22 mm。尾端體側有一個像似英文字母斜「P」形之淺黃綠色斑紋。

⑦_ 垂蛹，淺黃褐色，長約15mm，寬約 8mm。蛹表分布有褐斑紋及金屬般光澤，7月分蛹期7~8日。

⑧_ 豆環蛺蝶／雌蝶♀展翅曬太陽。

豆環蛺蝶／雄蝶♂展翅曬太陽。

亮色黃蝶（臺灣黃蝶）

> **科名**
> 粉蝶科

學名｜ *Eurema blanda arsakia* Fruhstorfer, 1910

尋覓地點｜ 本蝶種極常見，主要出現於低海拔有食草族群分布的產業道路、登山步道或溪畔、公園、疏林環境。

採卵方式｜
1. 捕捉雌蝶網室採卵。
2. 在有卵群的食草上，翻尋新鮮的卵群回家孵化。
3. 雌蝶喜愛將卵50~100粒不等聚產於新葉上，幼蟲有群聚性，棲息於枝葉上，野外可從大葉合歡、頷垂豆、阿勃勒等植物的葉片上採集蝶卵或幼蟲。尋獲時，須採集適量的新鮮葉片放入封口袋，存放在冰箱保鮮供飼養。

飼養方式｜
1. 在食草上套網飼養，並常清理糞便與觀察幼蟲生活變化，等到化蛹時，再將蛹剪下存放，等待蝴蝶羽化。
2. 利用盆栽、大容器來飼養，底部須放置水盤，以隔離螞蟻捕食和增加溼度，擺放在陰涼通風處即可。

① 卵聚產，白色，長橢圓形，高約1.4 mm，徑約0.6 mm，卵表具有細縱稜，6月分卵期3~4日。
② 1齡幼蟲群聚食阿勃勒，體長2.7mm。
③ 2齡幼蟲群聚，體長約4與5mm。頭部黑色，蟲體黃綠色，光滑無斑點。
④ 3齡幼蟲，體長約9mm。2~5齡幼蟲頭部為黑色，可與其他黃蝶屬幼蟲做區別。

⑤_ 4齡幼蟲，體長約 14mm。4 和 5 齡幼蟲體表明顯密布暗綠色小疣突。1~5 齡幼蟲期約 17 天。
⑥_ 5 齡幼蟲（終齡），群聚性，體長 18~28mm。頭部黑色，蟲體黃綠色或深黃綠色，各節密布深綠色瘤狀細小突起及細短毛。
⑦_ 帶蛹，側面，綠色型。8 月分蛹期 6~7 日。
⑧_ 帶蛹，長約 17mm，寬約 3.7mm。黑色型的蛹外觀摹擬被寄生死蛹狀態。
⑨_ 亮色黃蝶／雄蝶♂吸食大花咸豐草花蜜。

第 6 章 25 種蝴蝶飼養生活史 | 351

橙端粉蝶（端紅蝶）

科名
粉蝶科

學名｜ *Hebomoia glaucippe formosana* Fruhstorfer, 1908 特有亞種
尋覓地點｜ 常見蝶種，主要活動於淺山地有食草分布的產業道路、登山步道或疏林環境。
採卵方式｜ 1. 捕捉雌蝶網室採卵。
　　　　　　2. 雌蝶喜愛將卵單產於新芽或成熟葉片上，幼蟲常棲息葉基表面，野外可從毛瓣蝴蝶木、魚木、蘭嶼山柑等植物的葉片上採集蝶卵或幼蟲。尋獲時，須採集適量的新鮮嫩葉片放入封口袋，存放在冰箱保鮮供飼養。
飼養方式｜ 1. 在食草上套網飼養，並常清理糞便與觀察幼蟲生活變化，等到化蛹時，再將蛹剪下存放，等待蝴蝶羽化。
　　　　　　2. 利用盆栽、大容器的飼養盒來飼養，底部須放置水盤，以隔離螞蟻捕食和增加溼度，擺放在陰涼通風處即可。

①_ 卵黃橙色，橢圓形，高約 1.9 mm，徑約 0.9 mm，卵表有 12~13 條細縱稜，7月分卵期 4~5 日。
②_ 1 齡幼蟲側面，體長約 4mm。蟲體淺黃褐色，密生腺毛。
③_ 2 齡幼蟲背面，體長約 13mm。胸部無假眼紋。
④_ 3 齡幼蟲背面，體長約 20mm。1~5 齡幼蟲常棲息於葉表基部中肋處休息。

⑤_4齡幼蟲初期，體長約 23mm，胸部具有假眼紋。1~5齡幼蟲期約 28 天。⑥_5齡幼蟲，體長 36~52 mm。當受到騷擾時，蟲體前段會昂起，胸部膨脹，外觀摹擬似蛇，藉以來威嚇欺敵。⑦_ 帶蛹，長約 42 mm，寬約 12 mm，即將羽化的蛹隱約可見前翅，6月分蛹期 12~13 日。⑧_ 橙端粉蝶／雌蝶♀。

橙端粉蝶／雄蝶♂
吸食繁星花花蜜。

細波遷粉蝶（水青粉蝶）

科名 粉蝶科

學名｜ *Catopsilia pyranthe pyranthe* Linnaeus, 1758

尋覓地點｜ 本蝶種極常見，主要活動於淺山地有食草分布的產業道路、登山步道或河岸、曠野、林緣環境。

採卵方式｜
1. 捕捉雌蝶網室採卵。
2. 雌蝶喜愛將卵單產於新芽或葉片上，幼蟲常棲息葉表，野外可從望江南、翼柄決明等植物的葉片上採集蝶卵或幼蟲。也可種植望江南吸引雌蝶來產卵，此法極易成功。尋獲時，須採集適量的新鮮葉片放入封口袋，存放在冰箱保鮮供飼養。

飼養方式｜
1. 在食草上套網飼養，並常清理糞便與觀察幼蟲生活變化，等到化蛹時，再將蛹剪下存放，等待蝴蝶羽化。
2. 利用盆栽、大容器的飼養盒來飼養，底部須放置水盤，以隔離螞蟻捕食和增加溼度，擺放在陰涼通風處即可。

① 卵白色，長橢圓形，高約 1.6 mm，徑約 0.5 mm，卵表約有 14 條細縱稜，10 月分卵期 3~4 日。
② 1 眠幼蟲，體長約 4mm。喜愛棲息於葉表中肋。
③ 2 齡幼蟲後期，體長約 8mm，密生藍黑色瘤狀小突起。
④ 3 齡幼蟲側面，體長約 15 mm，體側有白色與藍黑色條狀紋出現。

⑤_4齡幼蟲背面，體長約25mm。1~5齡幼蟲期約14天。⑥_5齡幼蟲（終齡），體長28~44mm，頭部和蟲體綠色，體表密生藍黑色瘤狀小突起，體側有淡黃色、白色與藍黑色所組成之條紋。⑦_帶蛹，綠色，長約28mm，寬約7mm，體側具有黃色線條，10月分蛹期6~7日。⑧_水青粉蝶／雄蝶♂展翅。

細波遷粉蝶／雄蝶♂
吸食金露花花蜜。

355

豔粉蝶（紅肩粉蝶）

科名 粉蝶科

學名	*Delias pasithoe curasena* Fruhstorfer, 1908 特有亞種
尋覓地點	常見蝶種，主要出現於低海拔有大量桑寄生族群分布的產業道路、登山步道或果園、疏林環境。
採卵方式	1. 捕捉雌蝶網室採卵。 2. 爬到有桑寄生植物寄生的樹上，翻尋新鮮的卵群回家孵化。 3. 雌蝶喜愛將卵 20~100 粒不等聚產於葉片，幼蟲有群聚性，棲息於枝葉上，野外可從大葉桑寄生、忍冬葉桑寄生、埔姜桑寄生等寄生性植物的葉片上採集蝶卵或幼蟲。尋獲時，須採集適量的新鮮葉片放入封口袋，存放在冰箱保鮮供飼養。
飼養方式	1. 在食草上套網飼養，並常清理糞便與觀察幼蟲生活變化，等到化蛹時，再將蛹剪下存放，等待蝴蝶羽化。 2. 利用大容器來飼養，底部須放置水盤，以隔離螞蟻捕食和增加溼度，擺放在陰涼通風處即可。

①_ 卵 20~100 粒聚產在葉片上，黃色，橢圓形，高約 1.5 mm，徑約 0.6 mm，卵表有細縱稜，5 月分卵期 4~5 日。
②_ 剛孵化的 1 齡幼蟲，具有群聚性，體長約 2.4mm。
③_ 2 齡幼蟲群聚，體長約 6.5mm。蟲體具有黃色環紋。1~5 齡幼蟲期約 24 天。
④_ 3 齡幼蟲集體進食，體長約 11mm。體色紅黃相間為警戒色。

⑤_ 4齡幼蟲，體長約20mm。幼蟲期具有群集性，生理時鐘亦很接近，常吃完一片葉子集體移行至另一葉片進食或休息。

⑥_ 5齡幼蟲，體長28～44 mm。蟲體深紅色，體表共具有11節鮮黃色環狀紋，環紋上著生疏黃色長柔毛。

⑦_ 帶蛹，有深紅色至黑褐色，長約26 mm，寬約8 mm。有集體化蛹的行為，6月分蛹期8～9日。

⑧_ 艷粉蝶剛羽化休息中的雌蝶♀。

⑨_ 艷粉蝶／雄蝶♂展翅。

357

玳灰蝶（龍眼灰蝶）

科名 灰蝶科

學名 | *Deudorix epijarbas menesicles* Fruhstorfer, 1912 特有亞種

尋覓地點 | 常見蝶種，主要活動於淺山地有食草分布的產業道路、登山步道或疏林、果園環境。

採卵方式 | 1. 捕捉雌蝶利用網袋或網箱來套網採卵，此法成功率頗高。
2. 雌蝶喜愛將卵產於果或果序上，幼蟲鑽食果肉躲藏在果實內，野外可從龍眼、荔枝等植物的果實上的註孔找尋幼蟲。尋獲時，須採集適量的新鮮果實放入封口袋，存放在冰箱保鮮供飼養。

飼養方式 | 1. 在果實上套網飼養，並常清理糞便與觀察幼蟲生活變化，等到化蛹時，再將果實內的蛹剪下存放，等待蝴蝶羽化。
2. 利用布丁杯、湯杯等小容器來飼養，底部須放置水盤，以隔離螞蟻捕食和增加溼度，擺放在陰涼通風處即可。

① 卵喜愛產於龍眼果實與宿存花萼與花盤細縫內，卵期 4~5 日。
② 卵淺藍色與 1 齡幼蟲體約 3mm，尾部生長毛。
③ 2 齡幼蟲背面，體長約 5mm。幼蟲會鑽食果實而躲藏在果實內。
④ 3 齡幼蟲，體長約 10 mm。蟲體褐色，腹背第 2~6 腹節具有淺黃色斑紋。

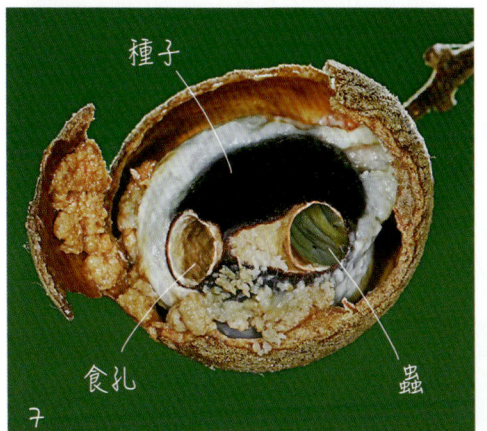

⑤_ 4齡幼蟲，體長 13~20 mm，蟲體橄欖黃至藍綠色，在化蛹前漸轉為藍色。
⑥_ 4齡幼蟲（終齡）鑽食龍眼，洞口徑約 4 mm。
⑦_ 4齡幼蟲躲在果實內。1~4 齡幼蟲期約 20 天。
⑧_ 帶蛹，深褐色，橢圓狀，體長約 14.5 mm，寬約 6.5 mm。化蛹於果實內、樹幹或外面等隱密處。
　　8月分蛹期 7~8 日。
⑨_ 玳灰蝶／雌蝶♀食龍眼花蜜。

靛色琉灰蝶（臺灣琉璃小灰蝶）

科名 灰蝶科

學名｜ *Acytolepsis puspa myla* Fruhstorfer, 1909 特有亞種

尋覓地點｜ 本蝶種極常見，主要活動於平地、淺山地有食草分布的學校、公園、社區、農園或產業道路、登山步道、疏林等環境，食草有 60 多種可利用。

採卵方式｜
1. 捕捉雌蝶利用網袋或網箱來套網採卵。
2. 在食草嫩芽上找尋幼蟲或蝶卵回家孵化。
3. 雌蝶喜愛將卵單產於嫩芽或花苞上，幼蟲躲藏在有食痕的葉背或花苞上並具保護色，容易找尋。野外可從多花紫藤、玫瑰、龍眼、饅頭果屬等植物的新芽食痕找尋幼蟲。尋獲時，須採集適量的新鮮嫩葉放入封口袋，存放在冰箱保鮮供飼養。

飼養方式｜
1. 在食草新芽與新葉上套網飼養，並常清理糞便與觀察幼蟲生活變化，等到化蛹時，再將蛹剪下存放，等待蝴蝶羽化。
2. 利用布丁杯、湯杯等小容器來飼養，底部須放置水盤，以隔離螞蟻捕食和增加溼度，擺放在陰涼通風處即可。

① 卵白色，扁圓形，徑約 0.6mm，高約 0.28mm，卵表具有凹凸刻紋，6月分卵期 3~4 日。② 1 齡幼蟲，體長約 2.8mm。蟲體淺黃白色，具長毛。③ 2 齡幼蟲吃猿尾藤，體長約 3.5mm。④ 3 齡幼蟲，體長約 6mm，以龍眼新芽為食，蟲體偏紅色。

⑤_ 4齡幼蟲（終齡紅色型），體長約 10mm。1~4齡幼蟲期約18天。

⑥_ 4齡幼蟲（黃色型），體長12 mm。幼蟲體色會因食材顏色不同，而呈現紅至綠色系的保護色澤。

⑦_ 帶蛹，橢圓狀，蛹長約10mm，寬4.5 mm，11月分蛹期8~9日。

⑧_ 靛色琉灰蝶低溫型斑紋較淡。

⑨_ 靛色琉灰蝶／雄蝶♂展翅曬太陽。

第六章 25種蝴蝶飼養生活史 | 361

紫日灰蝶（紅邊黃小灰蝶）

科名 灰蝶科

學名 | *Heliophorus ila matsumurae* Fruhstorfer, 1908 特有亞種

尋覓地點 | 常見蝶種，主要活動於淺山地有食草分布的產業道路、登山步道或疏林、野溪、果園等環境。

採卵方式 | 1. 捕捉雌蝶利用網袋或網箱來套網採卵，此法成功率頗高。
2. 雌蝶喜愛將卵產於葉片上，幼蟲躲藏在低矮處不易找尋，野外可從「火炭母草」植物葉片的食痕找尋幼蟲。尋獲時，須採集適量的新鮮葉片放入封口袋，存放在冰箱保鮮供飼養。

飼養方式 | 1. 在食草上套網飼養，並常清理糞便與觀察幼蟲生活變化，等到化蛹時，再將蛹剪下存放，等待蝴蝶羽化。
2. 利用布丁杯、湯杯等小容器來飼養，底部須放置水盤，以隔離螞蟻捕食和增加溼度，擺放在陰涼通風處即可。

① 卵白色，扁狀半圓形，徑約 0.5 mm，高約 0.3 mm，卵表具有凹凸刻紋，9月分卵期5~6日。
② 1齡幼蟲，體長約2mm，棲息於火炭母草葉背。
③ 2齡幼蟲，體長約3mm，棲息於火炭母草葉背。
④ 3齡幼蟲，體長約6mm，將葉片咬食成洞。

⑤ _ 4齡幼蟲側面（終齡黃色型），體長 11~15 mm，背中線淺綠色或紅橙色。
⑥ _ 4齡幼蟲（終齡），體長約 12mm，棲息於火炭母草將葉肉咬食餘薄膜。
⑦ _ 帶蛹，綠色或黃綠色，寬橢圓狀，蛹長約 10mm，9月分蛹期 7~8 日。
⑧ _ 紫日灰蝶／雄蝶♂食馬利筋花蜜。

紫日灰蝶／雌蝶♀食大花咸豐草。

鑽灰蝶（三尾小灰蝶）

科名 灰蝶科

學名｜ *Horaga onyx moltrechti* Matsumura, 1919

尋覓地點｜ 本蝶種主要出現於有成蟲族群活動的產業道路、登山步道或果園、疏林環境。

採卵方式｜
1. 捕捉雌蝶利用網袋或網箱來套網採卵。
2. 在棲息地爬到有嫩葉的食草樹上，翻尋新鮮的卵粒回家孵化，例如：爬上龍眼、芒果樹上找尋蝶卵。
3. 雌蝶喜愛將卵單產於嫩葉或花序上，幼蟲雜食性，棲息於新芽或花序上，野外可從龍眼、芒果、桶鉤藤等植物的嫩葉或花苞上採集蝶卵或幼蟲。尋獲時，須採集適量新鮮的嫩葉或花苞放入封口袋，存放在冰箱保鮮供飼養。

飼養方式｜
1. 在食草新芽或花序上套網飼養，並常清理糞便與觀察幼蟲生活變化，等到化蛹時，再將蛹剪下存放，等待蝴蝶羽化。
2. 利用布丁杯、湯杯等小容器來飼養，底部須放置水盤，以隔離螞蟻捕食和增加溼度，擺放在陰涼通風處即可。

① _ 卵白色，半圓形，徑約 0.7 mm，高約 0.4mm，卵表具深凹凸刻紋。1月分卵期 5~6 天。
② _ 1 齡幼蟲，體長約 2mm，蟲體淺黃色，背中線具紅褐色縱帶。③ _ 2 齡幼蟲初期，體長約 5mm。蟲體黃綠色，長出短肉棘。④ _ 2 齡幼蟲後期，體長約 6.5 mm，肉棘明顯增長。

鑽灰蝶／雌蝶♀（低溫型）

8. 鑽灰蝶♀

⑤_ 3齡幼蟲側面，體長約 7.5 mm。1~4齡幼蟲期約24天。

⑥_ 4齡幼蟲（終齡），體長 10~17mm。在中、後胸與第1、2、4、5、6腹背具有紅褐色長肉棘。

⑦_ 蛹綠色，瘤狀，蛹長約 8.5mm，寬約5mm。蛹胸部無絲線環繞，僅以尾端垂懸器固定於莖枝上，1月分蛹期約22天。

⑧_ 鑽灰蝶／雌蝶♀展翅曬太陽。

365

黑星弄蝶

科名 弄蝶科

學名 | *Suastus gremius* Fabricius, 1798

尋覓地點 | 常見蝶種，主要活動於平地、淺山地有棕櫚科植物分布的路旁、登山步道或學校、公園、農園、社區等開闊環境。

採卵方式 |
1. 捕捉雌蝶利用網袋或網箱來套網採卵。
2. 雌蝶喜愛將卵單產於葉表上，幼蟲會製作蟲巢而躲藏在巢內，極易找尋，野外可從黃椰子、臺灣海棗、蒲葵、山棕、觀音棕竹等多種景觀植物葉片上的蟲巢找尋幼蟲。尋獲時，須採集適量的新鮮葉片放入封口袋，存放在冰箱保鮮供飼養。

飼養方式 |
1. 在食草上套網飼養，並常清理糞便與觀察幼蟲生活變化，等到化蛹時，再將蛹剪下存放，等待蝴蝶羽化。
2. 利用 1000cc 飲料杯來飼養，底部須放置水盤，以隔離螞蟻捕食和增加溼度，擺放在陰涼通風處即可。

① 卵暗紅色，半圓形，徑約 1.3mm，高約 0.8mm。外觀宛若糕點，卵表具有 14~16 條白色細波狀縱脈紋。7月分卵期 4~5 日。
② 1 齡幼蟲背面，黃橙色，體長約 4 mm，外觀極為醒目。
③ 2 齡幼蟲背面，頭部褐色，體色轉為淺黃橙色，體長約 6 mm（雄蟲）。
④ 3 齡幼蟲，頭部淺褐色。蟲體淺綠色，體長約 12 mm，正吐絲造巢。

⑤_ 4齡幼蟲，體長約18 mm。1~5齡幼蟲期約24天，皆躲在蟲巢內。

⑥_ 5齡幼蟲（終齡），頭部灰白色，兩側具有黑色粗紋，蟲體綠色，長23~30 mm，平滑無毛，背中線深綠色，尾端肛上板圓弧形。

⑦_ 在觀音棕竹葉片上的5齡蟲巢，巢長約55 mm。

⑧_ 帶蛹，橄欖黃色，長約20 mm，寬約5mm。體表密生白色粉狀臘質物，化蛹於蟲巢內，7月分蛹期7~9日。

⑨_ 黑星弄蝶／雄蝶♂吸水。

黑星弄蝶／雄蝶♂展翅曬太陽。

寬邊橙斑弄蝶（竹紅弄蝶）

科名
弄蝶科

學名｜ *Telicota ohara formosana* Fruhstorfer, 1911

尋覓地點｜ 本蝶種極常見，主要活動於平地、淺山地有棕葉狗尾草（颱風草）等食草分布的路旁、登山步道或疏林、野溪、竹林旁等開闊環境。

採卵方式｜
1. 捕捉雌蝶利用網袋或網箱來套網採卵。
2. 雌蝶喜愛將卵單產於葉片，幼蟲會造巢而躲藏在巢內，極易找尋，野外可從棕葉狗尾草葉片上的蟲巢找尋幼蟲。尋獲時，須採集適量的新鮮葉片放入封口袋，存放在冰箱保鮮供飼養。

飼養方式｜
1. 在食草上套網飼養，並常清理糞便與觀察幼蟲生活變化，等到化蛹時，再將蛹剪下存放，等待蝴蝶羽化。
2. 利用 700cc 飲料杯來飼養，底部須放置水盤，以隔離螞蟻捕食和增加溼度，擺放在陰涼通風處即可。

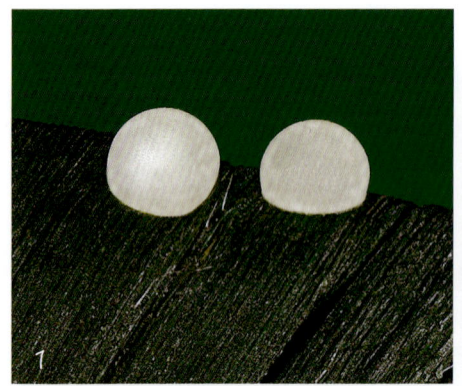

①_ 卵白色，半圓形，徑約 1.2 mm，高約 0.8 mm，10 月分卵期 5~6 日。
②_ 1 齡幼蟲，頭部黑色。蟲體淺綠白色，在前胸背部具有一黑色橫條紋，體長約 3 mm。
③_ 2 齡幼蟲，頭部黑褐色。蟲體淺黃綠色，體長約 7 mm。
④_ 3 齡幼蟲，體長約 13mm，正吐絲造巢。

8 蟲巢

寬邊橙斑弄蝶／雄蝶♂

⑤_ 4齡幼蟲，體長約18 mm。1~5齡幼蟲期約23天，皆躲在蟲巢內。
⑥_ 5齡幼蟲（終齡），體長20~29 mm。頭部黑色至暗褐色，具黃褐色斑紋，斑紋變異大，蟲體綠色。
⑦_ 帶蛹，褐色，長21mm，寬5mm，體表密生白色粉狀臘質物，化蛹於蟲巢內，9月分蛹期9~11日。
⑧_ 終齡幼蟲在棕葉狗尾草（颱風草）葉片製造的蟲巢。

寬邊橙斑弄蝶／雄蝶♂展翅曬太陽。

第6章 25種蝴蝶飼養生活史 | 369

袖弄蝶（黑弄蝶）

科名 弄蝶科

學名 | *Notocrypta curvifascia* C. & R. Felder, 1862
尋覓地點 | 本蝶種極常見，主要活動於淺山地有月桃屬植物分布的產業道路、登山步道或疏林、野溪等涼爽溼潤環境。
採卵方式 | 1. 捕捉雌蝶利用網袋或網箱來套網採卵。
2. 雌蝶喜愛將卵單產於葉片上，幼蟲會造巢而躲藏在巢內，極易找尋，野外可從月桃、角板山月桃、恆春月桃、野薑花等植物葉片上的蟲巢找尋幼蟲。尋獲時，須採集適量的新鮮葉片放入封口袋，存放在冰箱保鮮供飼養。
飼養方式 | 1. 在食草上套網飼養，並常清理糞便與觀察幼蟲生活變化，等到化蛹時，再將蛹剪下存放，等待蝴蝶羽化。
2. 利用 1000cc 飲料杯或較大飼養容器來飼養，底部須放置水盤，以隔離螞蟻捕食和增加溼度，擺放在陰涼通風處即可。

①_ 卵紅豆色，圓錐狀半圓形，徑約 1.3mm，高約 0.8mm，6 月分卵期 4~5 日。
②_ 1 齡幼蟲，體長約 5 mm。頭部黑色，蟲體黃橙色。
③_ 2 齡幼蟲，體長約 9mm。頭部黑色，蟲體黃綠色。
④_ 3 齡幼蟲背面，體長約 14mm，吐絲造巢、休息。

蟲巢

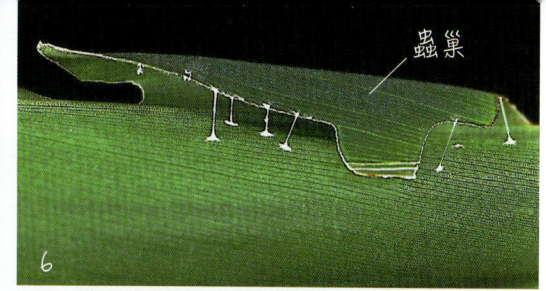

⑤_ 4齡幼蟲，體長29 mm。1~4齡幼蟲頭部皆為黑色。1~5齡幼蟲期約23天，皆躲在蟲巢內。

⑥_ 4齡幼蟲在月桃葉片上的蟲巢。

⑦_ 5齡幼蟲（終齡），體長32~43mm。頭部盾狀，周圍黑色，正面具黃褐色大斑紋，蟲體淺綠色，體表平滑無毛，密布細小綠色圓斑點。

⑧_ 帶蛹，綠色型，長約33mm，寬約6mm。頭頂具小錐突，體表密生白色粉狀蠟質物，化蛹於簡易蟲巢內，7月分蛹期7~8日。

⑨_ 袖弄蝶／雌蝶♀展翅曬太陽。

袖弄蝶／雄蝶♂吸水。

371

【附錄一】 蝴蝶食草70種

馬蜂橙

臺灣香檬

四季橘

食茱萸

裕榮鷗蔓（雜交種）

山胡椒（雌株）

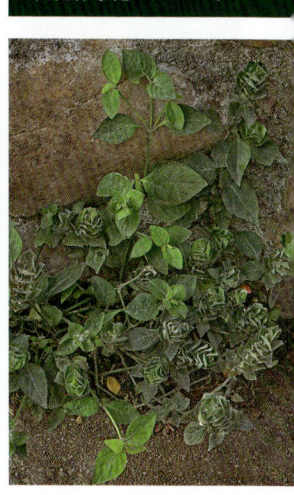

飛龍掌血

爵床

臺灣烏心石

含笑花

卵葉鱗球花

翼柄決明

賽山藍

373

爬森藤

鷗蔓

柳葉鱗球花

蘭嶼牛皮消

短毛菫菜

落尾麻（雌株）

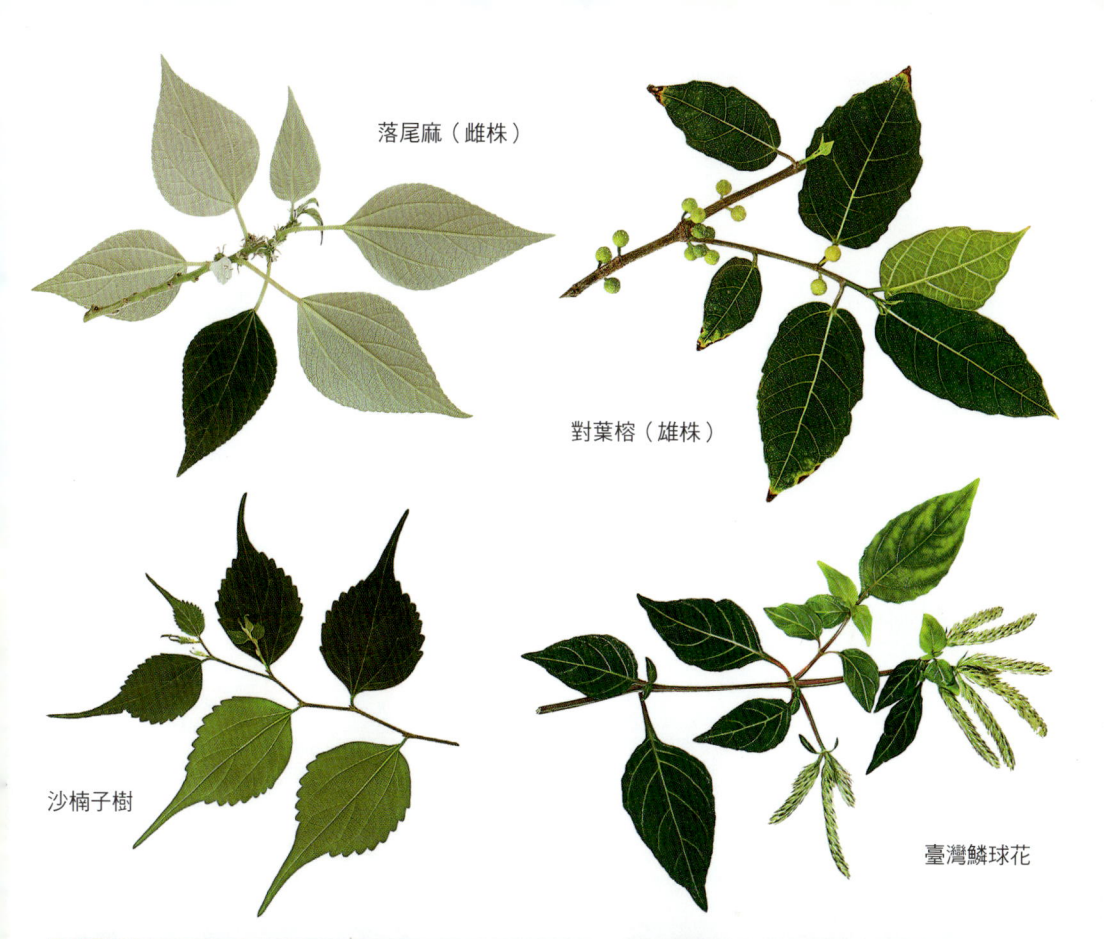

對葉榕（雄株）

沙楠子樹

臺灣鱗球花

川上氏菫菜

臺北菫菜 　　　　　　　　　大花三色菫

蠅翼草 　　　　　　　　　　小花三色菫菜

臺灣山黑扁豆 　　　　　　　臺灣假黃楊（雄株）

大花田菁　　　　　　　　　　毛胡枝子

菲律賓饅頭果　　　　　　　　紅毛饅頭果

佛來明豆　　密花苧麻（木苧麻）　　水雞油

菊花木

能高佛甲草

獨行菜

土芒果

高麗菜

無患子

笑靨花　　　　　　　　　　　　　　　　甘藷

水柳（雌株）　　　　　　　　　　　　　刺杜密

澀葉榕（雄株）　　　　　　　　　　　　鴨舌癀

附錄一 蝴蝶食草 70 種 | 379

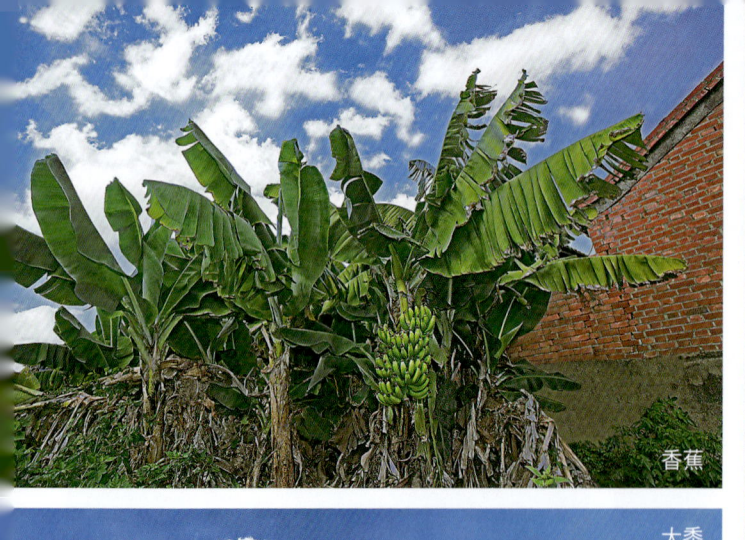

香蕉

大黍

臺灣蘆竹

五節芒

天宮石斛

秀柱花

開卡蘆

太陽麻

附錄一 蝴蝶食草 70 種 | 381

島田氏月桃

臺灣石吊蘭

冷清草

恆春月桃

烏蘇里山馬薯

扛香藤（雄株）

茭白筍

小花寬葉馬偕花

鼠麴草

旱田草

臭薺

臺灣槲寄生寄生於臺灣赤楊

忍冬桑寄生

蓮華池桑寄生棲息地寄生於小果油茶

蓮華池桑寄生，花紅色，筒長 17mm，寬 4mm。

【附錄二】蝴蝶蜜源植物70種

山櫻花

四季秋海棠

五彩石竹

粉萼鼠尾草

千日紅

長壽花

絨毛芙蓉蘭 　　　　　白花益母草

朱槿

毛瓣蝴蝶木

杜鵑花

毛山葡萄

寶塔龍船花

水芹菜

洋落葵

錫蘭橄欖

呂宋莢蒾

馬利筋

附錄二 蝴蝶蜜源植物 70 種 | 387

長萼瞿麥

杜虹花

紫藤

翠盧利

臺灣繡線菊

紅蝴蝶（蛺蝶花）

炮竹紅

美女櫻

一串紅

附錄二 蝴蝶蜜源植物 70 種 | 389

裡白忍冬（紅腺忍冬）

七里香

星茄

笑靨花

野牽牛（姬牽牛）

天星茉莉（優底迦花）

細葉雪茄花

槭葉牽牛

金魚草

百日草

小葉馬纓丹

龍船花　　　　　　　　　　　　使君子

田代氏黃芩

槭葉蔦蘿

珍珠馬蹄花　　　　　　　　　　白水木

酒瓶蘭

紫花藿香薊

繁星花

嶺南白蓮茶

臺灣筋骨草

飛龍掌血	狗花椒
山香圓	臺灣何首烏
爵床	忍冬（金銀花）

擬紅花野牽牛

醉蝶花

萬壽菊

矮仙丹花

薰衣草

矮牽牛

孤挺花

威齡仙

紫扇花

千日紅（圓仔花）

大波斯菊

烏柑仔

相思樹

冷飯藤

金毛菊

飼養&觀察 005

蝴蝶飼養與觀察〔全新增修版〕

作者	洪裕榮
攝影	洪裕榮
主編	徐惠雅
校對	洪裕榮、楊嘉殷、徐惠雅
美術編輯	柳惠芬
創辦人	陳銘民
發行所	晨星出版有限公司 台中市407工業區30路1號 TEL：04-23595820　FAX：04-23597123 E-mail：service@morningstar.com.tw http：//www.morningstar.com.tw 行政院新聞局局版台業字第2500號
初版	西元2016年04月10日
二版	西元2025年08月31日
郵政劃撥	22326758（晨星出版有限公司）
讀者服務專線	04-23595819#230

定價 **590** 元

ISBN　978-626-420-140-7
Published by Morning Star Publishing Inc.
Printed in Taiwan
版權所有 翻印必究
（如有缺頁或破損，請寄回更換）

國家圖書館出版品預行編目資料

蝴蝶飼養與觀察〔全新增修版〕= How to take care of butterflies / 洪裕榮著 -- 二版. --
臺中市：晨星，2025.09
　400面；　公分.－－（飼養&觀察 ;005）
ISBN 978-626-420-140-7（平裝）

1. CST：蝴蝶

387.793　　　　　　　　　　　　　　114007188